园林制图与识图速成实例教程

贺劲松　主编

机械工业出版社

本书共分九章，内容包括：园林制图与识图基础知识，植物的表现方法，山石、水体的表现方法，人物及其他素材的表现，园林总平面图的绘制与识读，植物配置图的绘制与识读，园林建筑施工图识读，园林工程图识读，园林工程图实例。附录部分为专业人员提供了与制图、识图相关的规范规定及图例。

本书实例丰富，语言简练，重点突出，浅显易懂。本书可帮助专业人员在短时间内快速掌握园林制图与识图技巧，熟悉专业技术要点。

本书可作为园林专业技术人员提高园林制图与识图专业技能的参考用书，也可作为相关专业师生的辅导用书。

图书在版编目（CIP）数据

园林制图与识图速成实例教程/贺劲松主编。—北京：机械工业出版社，2015.7

ISBN 978-7-111-51042-0

Ⅰ.①园… Ⅱ.①贺… Ⅲ.①造园林—制图—教材②造园林—识图—教材 Ⅳ.①TU986.2

中国版本图书馆 CIP 数据核字（2015）第 177763 号

机械工业出版社（北京市百万庄大街22号 邮政编码100037）
策划编辑：张 晶 责任编辑：张 晶 吴苏琴
版式设计：赵颖喆 责任校对：刘雅娜
封面设计：路恩中 责任印制：李 洋
北京宝昌彩色印刷有限公司印刷
2015 年 10 月第 1 版第 1 次印刷
169mm×239mm · 12.5 印张 · 2 插页 · 232 千字
标准书号：ISBN 978-7-111-51042-0
定价：38.00 元

前　言

　　人类在表达思想、传递信息时，最初采用图形，后来逐渐演化发展为具有抽象意义的文字。这是人类在信息交流上的一次伟大革命。在信息交流中，图形表达方式比文字表达方式具有更多的优点。一幅图样能容纳许多信息，表达内容直观，一目了然，在不同的民族与地区具有表达思想的相通性，而往往可以反映用语言、文字也难以表达的信息，这也正是制图的意义所在。

　　园林施工图是园林工程施工，质量检查、验收和工程评价的依据，十分重要。本书的编写目的有以下三点：一是培养读者具备按照国家标准能够正确绘制、识读和理解园林施工图的基本能力；二是培养读者具备理论与实践相结合的能力；三是培养读者具备空间想象能力。

　　本书对园林制图与识图内容进行了科学、合理、有机的综合，删繁就简、削枝强干，充分反映新知识、新工艺和新方法，体现实用性和先进性；注重知识传授和能力培养，提高初学者识图和制图的能力。

　　本书共分九章，内容分为三部分：第一部分为园林制图与识图基础知识，简要介绍了园林专业施工图的分类、制图要领和识图的方法；第二部分为制图与识图识读，包括：植物的表现方法，山石、水体的表现方法，人物及其他素材的表现，园林总平面图的绘制与识读，植物配置图的绘制与识读，园林建筑施工图识读，园林工程图识读；第三部分为典型园林工程施工图实例。

　　由于编者水平有限，加之时间仓促，书中难免有不足之处，恳请广大读者批评指正，以便我们及时改正，不胜感激。

编　者

目 录

第一章

园林制图与识图基础知识

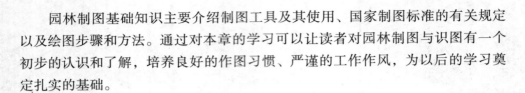

园林制图基础知识主要介绍制图工具及其使用、国家制图标准的有关规定以及绘图步骤和方法。通过对本章的学习可以让读者对园林制图与识图有一个初步的认识和了解，培养良好的作图习惯、严谨的工作作风，为以后的学习奠定扎实的基础。

第一节　园林施工图

一、园林施工图的分类

园林施工图是园林景观建造和施工的依据。园林施工图可分为建筑施工图、结构施工图、植物配置图、给水排水施工图等。

建筑施工图是表示园林建筑的总体布局、外部形状、内部布置、内外装修、细部构造、施工要求等情况的图样，是园林建筑施工放线、砌筑墙体、门窗安装、室内外装修等工作的主要依据。它一般包括：设计说明、总平面图、建筑平面图、建筑立面图、建筑剖面图、建筑详图和门窗表等。

结构施工图是表示这些结构构件的布置、形状、材料、做法等内容的图样。它一般包括：结构设计说明、基础图、结构布置图、构件详图等。

植物配置图是表示花草树木具体种植位置的图样。它一般包括：植物配置设计说明、植物配置平面图、植物配置详图等。

给水排水施工图是表示建筑内部给水管道、排水管道、用水设备等的图样。它一般包括：给水排水设计说明、给水平面图、给水系统图、排水平面图、排水系统图、安装详图等。

二、园林施工图的图示特点

1. 采用正投影法绘制

施工图中的各图，主要是用正投影法绘制的。在图幅大小允许时，可将平面图、立面图、剖面图按投影关系画在同一张图样上，如图幅过小，可分别画在几张图样上。

2. 选取适当的比例

由于建筑物形体较大，因此施工图一般采用较小比例绘制。在小比例图中无法表达清楚的细部构造，需要配以比例较大的详图来表达，并用文字加以说明。

3. 采用国家标准规定的图例和标注符号

建筑施工图由于比例较小，构配件和材料表达不清，国家标准规定了一系列的图形符号来代表建筑构配件、卫生设备、建筑材料等，这些图形符号称为图例。为识图方便，国家标准还规定了许多标注符号。这些国家标准包括《房屋建筑制图统一标准》（GB/T 50001—2010）、《总图制图标准》（GB/T 50103—2010）、《建筑制图标准》（GB/T 50104—2010）等。

4. 采用不同的线型和线宽

施工图中的线条采用不同的形式和粗细来表达不同的内容，以反应建筑物轮廓线的主次关系，使图样清晰分明。

第二节　制图工具及其使用

在制图过程中，一定要有精确的制图工具，并且会正确的使用，才是保证绘图质量和速度的前提。除此之外一定要学会保护制图工具，正确的保养可以让工具的使用寿命更长。

一、绘图用笔

1. 铅笔

绘图铅笔按铅芯的软、硬程度可分为 B 型和 H 型两类。

"B" 表示软，数值越大，铅芯越软，画出的图线越黑；"H" 表示硬，数值越大，铅芯越硬，画出的图线越淡。"HB" 表示介于两者之间，铅芯软硬适中。

常用 H、2H 铅笔画底稿线，用 HB 铅笔加深直线，B 铅笔加深圆弧，H 铅笔写字和画各种符号。铅芯磨削的长度及形状，如图 1-1 所示，写字或打底稿用圆锥形铅芯如图 1-1a 所示，加深图线时宜用楔形铅芯，如图 1-1b 所示。

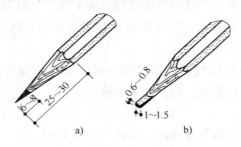

图 1-1　铅笔的长度及形状

知识链接

铅笔的辨认

铅笔应从没有标志的一端开始使用，以便保留标记，供使用时辨认。

2. 绘图笔

（1）直线笔

直线笔是画墨线的工具，其笔尖由两块钢叶片组成，可用螺钉任意调整间距，确定墨线粗细。画线时，直线笔应位于铅垂面内，使两叶片同时接触图纸，笔杆的前后方向与纸张保持 90°，并使直线笔往前进方向倾斜 5°~20°。运笔速度不宜过快，自左向右画线，不可反向画，以免纸上纤维堵塞笔尖管孔。每次使用完毕一定要冲洗笔尖，免得针管孔被干涸后的墨水堵塞。

（2）绘图钢笔

绘图钢笔由笔杆、笔尖两部分组成，是用来写字、修改图线时使用，也可用来为直线笔注墨。

（3）绘图墨水笔

绘图墨水笔是用来绘制墨线的，笔尖针管有多种规格，供绘制图线时选用。绘图墨水笔与普通自来水笔类似，带有吸水、储水结构。绘图墨水笔的笔尖是一支细针管，笔尖的口径有多种规格，如 0.1mm、0.3mm、0.6mm、0.9mm、1.2mm 等，绘图时按线型粗细选用，如图 1-2 所示。

图 1-2　绘图墨水笔

二、圆规和分规

1. 圆规

圆规用来画圆或圆弧，它的固定腿上装有钢针，作画圆定心用；另一条腿是活动腿，可以换装延伸接杆和三件插脚。装上延伸接杆可以画直径较大的圆，装上钢针插脚可以当分规用，装上铅芯插脚可以画铅笔线圆，装上鸭嘴插脚可以画墨线圆，如图 1-3 所示。

圆规中的铅芯应比画线用的铅笔软一级。不论所画圆的直径是大还是小，针尖和插腿尽可能垂直纸面，如图 1-4 所示。

2. 分规

分规用来量取线段和等分线段、圆弧，如图 1-5 所示。

使用分规时需注意分规的两针尖并拢时应对齐。当用分规量取尺寸时，不要把针尖垂直插入尺面，以免损坏尺面刻度。

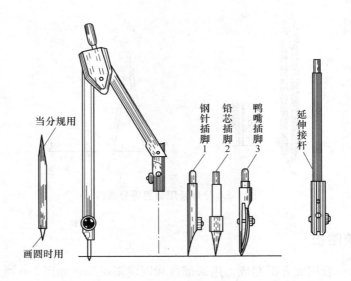

当分规用

画圆时用

钢针插脚 1

铅芯插脚 2

鸭嘴插脚 3

延伸接杆

图 1-3　圆规及其附件

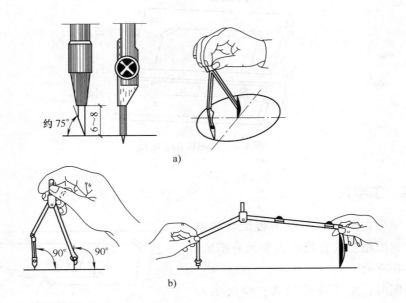

约 75°

6~8

a)

90°　90°

b)

图 1-4　圆规的使用方法

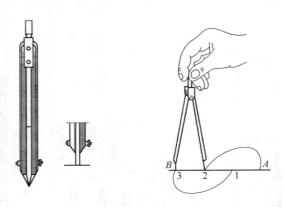

图1-5　分规及用分规等分线段

三、绘图板

绘图板一般用胶合板制成，用来铺放和固定图纸用，如图1-6所示。常用绘图板规格有0号、1号和2号，可以根据所绘制图纸幅面的大小进行选择。

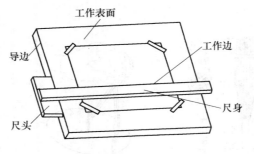

图1-6　绘图板和丁字尺

四、丁字尺

丁字尺主要用来与绘图板配合画水平线，它由相互垂直的尺头和尺身组成，如图1-6所示。

制图时，左手扶住尺头，使尺头左侧边紧靠绘图板左侧导边，不能用其余三边，用铅笔沿尺身工作边画水平线。画线时笔从左往右匀速画出，如图1-7所示。

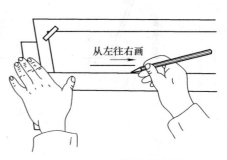

图1-7　用丁字尺画水平线

五、三角板

三角板通常由有机玻璃制成，由45°角和60°角（30°角）两块三角板组成。三角板常与丁字尺配合画垂直线，如图1-8所示。

三角板配合丁字尺还可以画 $n \times 15°$ 的斜线，如图1-9所示。两块三角板互相配合，可以画出任意直线的平行线和垂线。

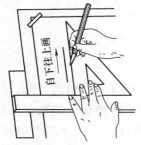
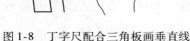
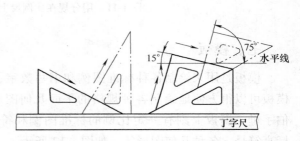

图1-8　丁字尺配合三角板画垂直线　　　　　图1-9　画各种倾斜直线

知识链接

三角板错误用法

直接用三角板画线是很多学者最常见的错误。这样完全由眼睛控制线条是否水平或垂直，很容易将线画歪，会大大降低绘图效率。

六、比例尺

常用的比例尺及其用法，如图1-10所示。比例尺为木质三棱柱体，也称为三棱尺。

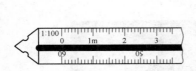

图1-10　比例尺及其用法

比例尺主要用于量取相应比例的尺寸，可以直接量取，也可用分规量取，如图1-11所示。一般在比例尺三个棱的三条边上有不同比例的刻度。注意比例尺不宜当普通直尺使用。

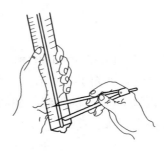

图 1-11　用分规在比例尺上量取长度

七、模板

模板是用来绘制各种标准图例和书写数字、字母及符号的辅助工具。使用模板可以很方便地绘制各种规格的平面几何图形，书写各种规范的数字及阿拉伯字母。模板上刻有一定比例的标准图例和符号，如柱、墙、详图索引符号、标高符号、各种几何图形等，如图 1-12 所示。

知识链接

使用模板小技巧

在使用模板时，为了防止跑墨，可以在这些工具的背面找几个支点，粘上相同厚度的纸，使工具与图纸保持一定距离，从而保证图纸洁净。

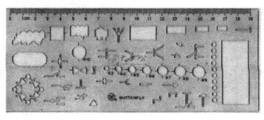

a)

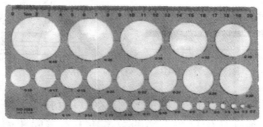

b)

图 1-12　模板

a）建筑模板　b）圆模板

c)

图 1-12　模板（续）

c）数字模板

八、曲线板

　　曲线板如图 1-13a 所示，主要用来画非圆曲线。作图时，应先用铅笔徒手把曲线上各点轻轻地连接起来，然后选择曲线板上与所画曲线相吻合的部分逐步描深，为了使所画的曲线光滑，最好每次要有四个点与曲线板上曲线重合，并把中间一段画出。

　　两端的两小段，一段与上一次画出的曲线段重合，另一段留待下一次再画，如图 1-13b、c、d 所示。

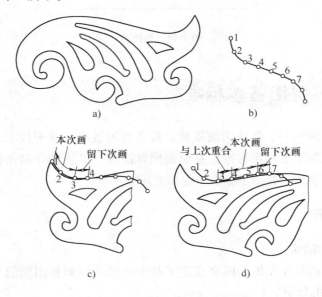

图 1-13　曲线板及其使用方法

九、擦图片

擦图片是一个方便地修改工具，如图 1-14 所示，使用时只要将要擦去的图线对准擦图片上相应的孔洞，用橡皮轻轻擦掉即可。

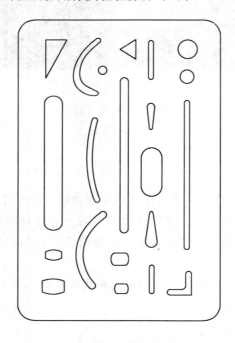

图 1-14　擦图片

第三节 | 制图基本标准

为了图纸的统一、保证图面质量、提高制图效率、便于技术交流、满足设计要求，国家制定了制图标准。在绘制园林图时，必须遵守制图标准，本节结合园林制图的特点，介绍了标准中的有关规定。

一、图纸

1. 图纸的幅面

为了合理的利用图纸，国家规定了基本图纸的幅面和图框的尺寸，大小应符合表 1-1 中的规定。

表 1-1 幅面及图框尺寸 （单位：mm）

幅面代号 尺寸代号	A0	A1	A2	A3	A4
$b \times l$	841 × 1189	594 × 841	420 × 594	297 × 420	210 × 297
c	10			5	
a	25				

注：表中 b 为幅面短边尺寸，l 为幅面长边尺寸，c 为图框线与幅面线间宽度，a 为图框线与装订边间宽度。

各图纸幅面标准尺寸，如图 1-15 所示。A0 号图纸的面积为 $1m^2$，长边为 1189mm，短边为 841mm。A1 号图纸幅面大小是 A0 号图纸的对开，A2 号图纸幅面大小是 A1 号图纸幅面的对开，以此类推。

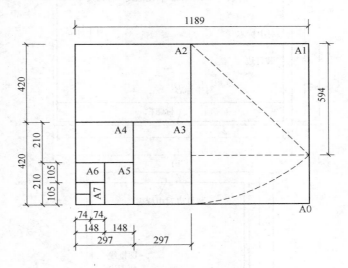

图 1-15 图纸幅面尺寸

2. 图框

图纸分横式和竖式两种，以短边作为垂直边称为横式幅面，如图 1-16a、b 所示；以短边作为水平边称为竖式幅面，如图 1-16c、d 所示。通常 A0、A1、A2、A3 图纸以横式使用，必要时也可竖式使用，而 A4 图纸多采用竖式使用。

绘图时可以根据需要加长图纸长边的尺寸，如图 1-17 所示，短边不得加长，但加长后的尺寸应符合表 1-2 的规定。

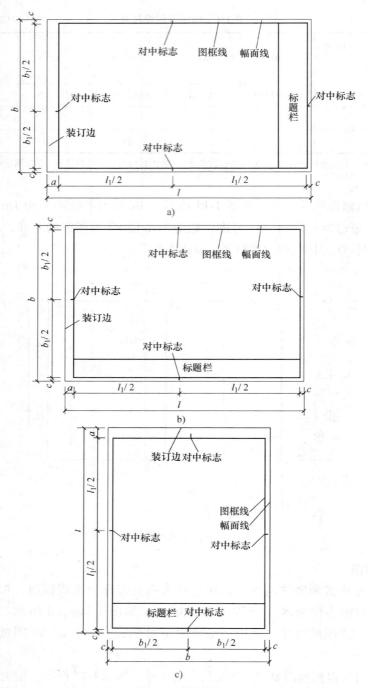

图 1-16　图纸幅面
a）A0 ～ A3 横式幅面（一）　　b）A0 ～ A3 横式幅面（二）　　c）A0 ～ A4 立式幅面（一）

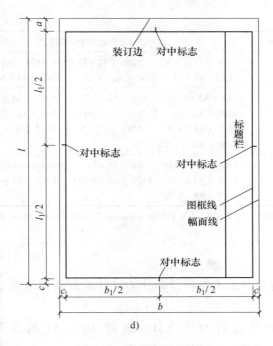

图 1-16　图纸幅面（续）

d）A0 ~ A4 立式幅面（二）

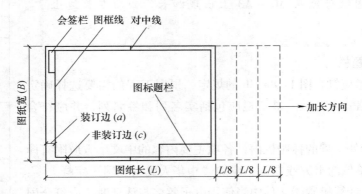

图 1-17　加长图纸长边示意图

表 1-2　图纸长边加长尺寸　　　　　　　　　（单位：mm）

幅面代号	长边尺寸	长边加长后的尺寸
A0	1189	1486（A0 + 1/4l）　　1635（A0 + 3/8l）　　1783（A0 + 1/2l） 1932（A0 + 5/8l）2080（A0 + 3/4l）　　2230（A0 + 7/8l） 2378（A0 + l）

（续）

幅面代号	长边尺寸	长边加长后的尺寸
A1	841	1051（A1 + 1/4l）　　1261（A1 + 1/2l）　　1471（A1 + 3/4l） 1682（A1 + l）　　1892（A1 + 5/4l）　　2102（A1 + 3/2l）
A2	594	743（A2 + 1/4l）　　891（A2 + 1/2l）　　1041（A2 + 3/4l） 1189（A2 + l）　　1338（A2 + 5/4l）　　1486（A2 + 3/2l） 1635（A2 + 7/4l）　　1783（A2 + 2l）　　1932（A2 + 9/4l） 2080（A2 + 5/2l）
A3	420	630（A3 + 1/2l）　　841（A3 + l）　　1051（A3 + 3/2l） 1261（A3 + 2l）　　1471（A3 + 5/2l）　　1682（A3 + 3l） 1892（A3 + 7/2l）

注：有特殊需要的图纸，可采用 $b \times l$ 为 841mm×891mm 与 1189mm×1261mm 的幅面。

 知识链接

图　纸

1）图纸分横式和立式两种，每种又可分为留装订边框和不留装订边框。

2）不留装订边框的四边一致。边距 A0～A1 的为 20mm，A2～A4 的为 10mm。

3）图框线 A0～A1 为 1.4mm，A2～A4 为 1.0mm。

4）图纸可能在 A0～A3 上出现加长，必须在长边上加长。

3. 标题栏

标题栏应符合图 1-18a、b 的规定，根据工程的需要选择确定其尺寸、格式及分区。签字栏应包括实名列和签名列，并应符合下列规定：

1）涉外工程的标题栏内，各项主要内容的中文下方应附有译文，设计单位的上方或左方，应加"中华人民共和国"字样。

2）在计算机制图文件中当使用电子签名与认证时，应符合国家有关电子签名法的规定。

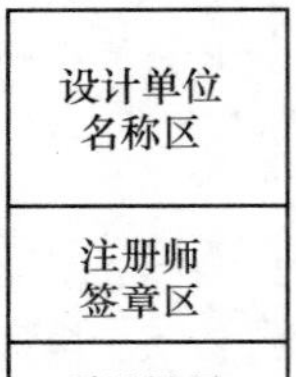

设计单位
名称区

注册师
签章区

项目经理
签章区

修改记录区

工程名称区

图号区

签字区

会签栏

40～70

a)

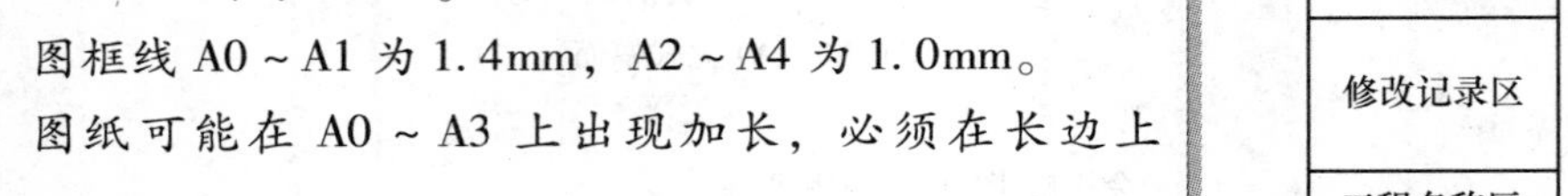

设计单位名称区	注册师签章区	项目经理签章区	修改记录区	工程名称区	图号区	签字区	会签栏

30～50

b)

图 1-18　标题栏

二、图线

1. 线型与线宽

图样中的图形是由多种图线组成的，每个图样都应根据复杂程度与比例大小，先确定基本线宽 b，再选用表 1-3 中相应的线宽组。图线的宽度 b，应根据图纸的类型、比例和复杂程度，按现行国家标准《房屋建筑制图统一标准》（GB/T 50001—2010）中的规定选用。线宽 b 宜为 0.7mm 或 1.0mm。园林制图中常用的各种线型宜符合表 1-4 的规定。

表 1-3　线宽组　（单位：mm）

线　宽　比	线　宽　组			
b	1.4	1.0	0.7	0.5
$0.7b$	1.0	0.7	0.5	0.35
$0.5b$	0.7	0.5	0.35	0.25
$0.25b$	0.35	0.25	0.18	0.13

注：1. 需要缩微的图纸，不宜采用 0.18mm 及更细的线宽。
　　2. 同一张图纸内，各不同线宽中的细线，可统一采用较细的线宽组的细线。

表 1-4　线型

名　称		线　型	线　宽	用　途
实线	粗		b	主要可见轮廓线
	中粗		$0.7b$	可见轮廓线
	中		$0.5b$	可见轮廓线、尺寸线、变更云线
	细		$0.25b$	图例填充线、家具线
虚线	粗		b	见各有关专业制图标准
	中粗		$0.7b$	不可见轮廓线
	中		$0.5b$	不可见轮廓线、图例线
	细		$0.25b$	图例填充线、家具线
单点长画线	粗		b	见各有关专业制图标准
	中		$0.5b$	见各有关专业制图标准
	细		$0.25b$	中心线、对称线、轴线等
双点长画线	粗		b	见各有关专业制图标准
	中		$0.5b$	见各有关专业制图标准
	细		$0.25b$	假想轮廓线、成型前原始轮廓线
折断线	细		$0.25b$	断开界线
波浪线	细		$0.25b$	断开界线

2. 图线的画法

1）同一张图纸内，相同比例的各图样，应选用相同的线宽组。

2）图纸的图框和标题栏线可采用表 1-5 的线宽。

表 1-5   图框和标题栏线的宽度   （单位：mm）

幅 面 代 号	图 框 线	标题栏外框线	标题栏分格线
A0、A1	b	$0.5b$	$0.25b$
A2、A3、A4	b	$0.7b$	$0.35b$

3）相互平行的图例线，其净间隙或线中间隙不宜小于 0.2mm。

4）虚线、单点长画线或双点长画线的线段长度和间隔，宜各自相等。

5）单点长画线或双点长画线，当在较小图形中绘制有困难时，可用实线代替。

6）单点长画线或双点长画线的两端，不应是点。点画线与点画线交接点或点画线与其他图线交接时，应是线段交接。

7）虚线与虚线交接或虚线与其他图线交接时，应是线段交接。虚线为实线的延长线时，不得与实线相接。

8）图线不得与文字、数字或符号重叠、混淆，不可避免时，应首先保证文字的清晰。

图线的交接画法见表 1-6。

表 1-6   图线交接的画法

	正　　确	不　正　确
两直线相交	交于一点	出头或未交于一点
两线相切处不应使线加粗	切点线宽等于单线线宽	切点线宽不等于单线线宽
实线、虚线、中心线相交	交于线段	交于点或空隙

(续)

	正　确	不　正　确
实与虚线相交接	交于线段	交于点或空隙
中心线与圆相交	中心线出头或中心线交于线段	未出头或交于空隙
虚线在实线的延长线上	留有空隙	不应相接

知识链接

图 线 表 达

绘图时，图线表达得正确与否，直接影响图面的质量，所以需要注意以下几点：

1）实线相接时，接点处要准确，既不要偏离，也不要超出。

2）画虚线及单点长画线或双点长画线时，应注意画等长的线段及一致的间隔，各线型应视相应的线宽及总长确定各自线段长度及间隔。

3）虚线与虚线交接或虚线与其他图线交接时，应是线段交接。虚线为实线的延长线时，线段不得与实线连接。

4）单点长画线或双点长画线均应以线段开始和结尾。点画线与点画线交接或点画线与其他图线交接时，应是线段交接。

5）圆心定位线应是单点长画线，当圆直径较小时，可用细实线代替。

三、字体

图纸上所需书写的文字、数字或符号等，均应笔画清晰、字体端正、排列整齐；标点符号应清楚正确。

文字的字高应从表 1-7 中选用。字高大于 10mm 的文字宜采用 True type 字体，当需书写更大的字时，其高度应按 $\sqrt{2}$ 的倍数递增。

表1-7　文字的字高　　　　　　　　　（单位：mm）

字 体 种 类	中文矢量字体	True type 字体及非中文矢量字体
字高	3.5、5、7、10、14、20	3、4、6、8、10、14、20

图样及说明中的汉字，宜采用长仿宋体或黑体，同一图样字体种类不应超过两种。长仿宋体的高宽关系应符合表1-8的规定，黑体字的宽度与高度应相同。大标题、图册封面、地形图等的汉字，也可书写成其他字体，但应易于辨认。

表1-8　长仿宋字高宽关系　　　　　　　（单位：mm）

字高	20	14	10	7	5	3.5
字宽	14	10	7	5	3.5	2.5

汉字的简化字书写应符合国家有关汉字简化方案的规定。

图样及说明中的拉丁字母、阿拉伯数字与罗马数字，宜采用单线简体或ROMAN字体。拉丁字母、阿拉伯数字与罗马数字的书写规则，应符合表1-9的规定。

表1-9　拉丁字母、阿拉伯数字与罗马数字的书写规则

书 写 格 式	字　　体	窄 字 体
大写字母高度	h	h
小写字母高度（上下均无延伸）	$7/10h$	$10/14h$
小写字母伸出的头部或尾部	$3/10h$	$4/14h$
笔画宽度	$1/10h$	$1/14h$
字母间距	$2/10h$	$2/14h$
上下行基准线的最小间距	$15/10h$	$21/14h$
词间距	$6/10h$	$6/14h$

拉丁字母、阿拉伯数字与罗马数字，当需写成斜体字时，其斜度应是从字的底线逆时针向上倾斜75°。斜体字的高度和宽度应与相应的直体字相等，如图1-19所示。

拉丁字母、阿拉伯数字与罗马数字的字高，不应小于2.5mm。

数量的数值注写，应采用正体阿拉伯数字。各种计量单位凡前面有量值的，均应采用国家颁布的单位符号注写。单位符号应采用正体字母。

分数、百分数和比例数的注写，应采用阿拉伯数字和数学符号。当注写的

数字小于 1 时，应写出各位的"0"，小数点应采用圆点，齐基准线书写。

图 1-19　字例

长仿宋汉字、拉丁字母、阿拉伯数字与罗马数字示例应符合现行国家标准《技术制图——字体》（GB/T 14691—1993）的有关规定。

知识链接

图纸汉字的书写

图纸中的汉字要用长仿宋字书写。书写时要注意字体顶格、横平竖直、起落有锋。

四、比例

图样的比例，应为图形与实物相对应的线性尺寸之比。

比例的符号应为"："，比例应以阿拉伯数字表示。

比例宜注写在图名的右侧，字的基准线应取平；比例的字高宜比图名的字高小一号或两号，如图 1-20 所示。

绘图所用的比例应根据图样的用途与被绘对象的复杂程度，从表 1-10 中选用，并应优先采用表中常用比例。

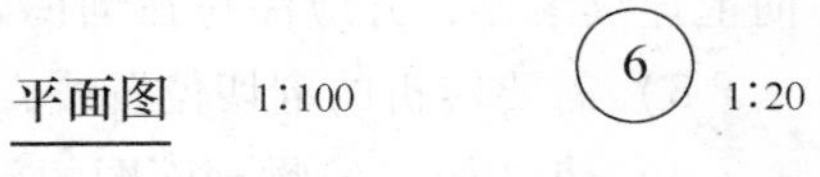

平面图　1:100　　⑥　1:20

图 1-20　比例的注写

表 1-10 绘图所用比例

常用比例	1：1、1：2、1：5、1：10、1：20、1：30、1：50、1：100、1：150、1：200、1：500、1：1000、1：2000
可用比例	1：3、1：4、1：6、1：15、1：25、1：40、1：60、1：80、1：250、1：300、1：400、1：600、1：5000、1：10000、1：20000、1：50000、1：100000、1：200000

一般情况下，一个图样应选用一种比例。根据专业制图需要，同一图样可选用两种比例。

特殊情况下也可自选比例，这时除应注出绘图比例外，还应在适当位置绘制出相应的比例尺。

知识链接

比 例 简 介

比例是指图样上图形与实物相应的线性尺寸之比，比例有放大或缩小之分，建筑工程专业的工程图主要采用缩小的比例。比例用阿拉伯数字表示，比如 1：20、1：100 等，1：100 表示图样上一个线性长度单位，代表实际长度为 100 个单位。

比例宜书写在图名的右侧，字体应比图名小一号或两号，图名下的横线与图名文字间隔不宜大于 1mm，其长度应以所写文字所占长度为准。

当一张图样中的各图所用比例均相同时，可将比例注写在标题栏内。比例的选用详见各专业施工图的介绍。

五、符号

1. 剖切符号

剖视的剖切符号应由剖切位置线及剖视方向线组成，均应以粗实线绘制。剖视的剖切符号应符合下列规定：

1）剖切位置线的长度宜为 6～10mm；剖视方向线应垂直于剖切位置线，长度应短于剖切位置线，宜为 4～6mm，如图 1-21 所示，也可采用国际统一和常用的剖视方法，如图 1-22 所示。绘制时，剖视剖切符号不应与其他图线相接触。

2）剖视剖切符号的编号宜采用粗阿拉伯数字，按剖切顺序由左至右、由下向上连续编排，并应注写在剖视方向线的端部。

3）需要转折的剖切位置线，应在转角的外侧加注与该符号相同的编号。

4）建（构）筑物剖面图的剖切符号应注在 ±0.000 标高的平面图或首层平面图上。

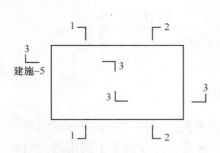

图 1-21　剖视的剖切符号（一）

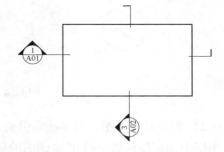

图 1-22　剖视的剖切符号（二）

5）局部剖面图（不含首层）的剖切符号应注在包含剖切部位的最下面一层的平面图上。

断面的剖切符号应符合下列规定：

1）断面的剖切符号应只用剖切位置线表示，并应以粗实线绘制，长度宜为 6~10mm。

2）断面剖切符号的编号宜采用阿拉伯数字，按顺序连续编排，并应注写在剖切位置线的一侧；编号所在的一侧应为该断面的剖视方向，如图 1-23 所示。

剖面图或断面图，当与被剖切图样不在同一张图内，应在剖切位置线的另一侧注明其所在图样的编号，也可以在图上集中说明。

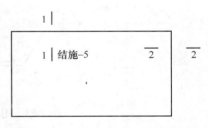

图 1-23　断面的剖切符号

知识链接

编　　号

剖面剖切符号的编号，通常采用阿拉伯数字，并应注写在剖视方向线的端部，并均应水平书写。在剖面图的下方应注写出与其编号对应的图名。需要转折的剖切线，应在转角的外侧加注与该符号相同的编号。

2. 索引符号与详图符号

图样中的某一局部或构件，如需另见详图，应以索引符号索引，如图 1-24a 所示。索引符号是由直径为 8~10mm 的圆和水平直径组成，圆及水平直径应以细实线绘制。索引符号应按下列规定编写：

1）索引出的详图，如与被索引的详图同在一张图样内，应在索引符号的上半圆中用阿拉伯数字注明该详图的编号，并在下半圆中间画一段水平细实线，如图 1-24b 所示。

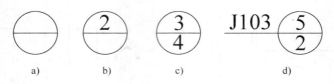

图 1-24　索引符号

2）索引出的详图，如与被索引的详图不在同一张图样内，应在索引符号的上半圆中用阿拉伯数字注明该详图的编号，在索引符号的下半圆用阿拉伯数字注明该详图所在图样的编号，如图 1-24c 所示。数字较多时，可加文字标注。

3）索引出的详图，如采用标准图，应在索引符号水平直径的延长线上加注该标准图集的编号，如图 1-24d 所示。需要标注比例时，文字在索引符号右侧或延长线下方，与符号下对齐。

索引符号用在索引剖视详图，应在被剖切的部位绘制剖切位置线，并以引出线引出索引符号，引出线所在的一侧应为剖视方向，如图 1-25 所示。

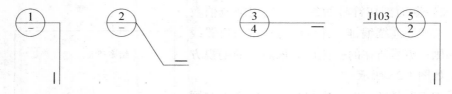

图 1-25　用在索引剖面详图的索引符号

零件、钢筋、杆件、设备等的编号宜以直径为 5～6mm 的细实线圆表示。同一图样应保持一致，其编号应用阿拉伯数字按顺序编写，如图 1-26 所示。消火栓、配电箱、管井等的索引符号，直径宜为 4～6mm。

详图的位置和编号应以详图符号表示。详图符号的圆应以直径为 14mm 粗实线绘制。详图编号应符合下列规定：

1）详图与被索引的图样同在一张图样内时，应在详图符号内用阿拉伯数字注明详图的编号，如图 1-27a 所示。

图 1-26　零件、钢筋等的编号

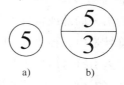

图 1-27　详图符号

a）与被索引图样同在一张图样内的详图符号

b）与被索引图样不在同一张图样内的详图符号

2）详图与被索引的图样不在同一张图样内时，应用细实线在详图符号内画一水平直径，在上半圆中注明详图编号，在下半圆中注明被索引的图样的编号，如图 1-27b 所示。

3. 引出线

引出线应以细实线绘制，宜采用水平方向的直线，与水平方向成 30°、45°、60°、90° 的直线，或经上述角度再折为水平线。文字说明宜注写在水平线的上方，如图 1-28a 所示，也可注写在水平线的端部，如图 1-28b 所示。索引详图的引出线，应与水平直径线相连接，如图 1-28c 所示。

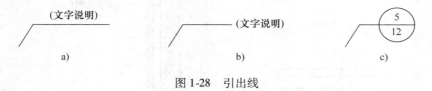

图 1-28　引出线

同时引出的几个相同部分的引出线，宜互相平行，如图 1-29a 所示，也可画成集中于一点的放射线，如图 1-29b 所示。

多层构造或多层管道共用引出线，应通过被引出的各层，并用圆点示意对应各层次。文字说明宜注写在水平线的上方，或注写在水平线的端部，说明的顺序应由上至下，并应与被说明的层次对应一致；如层次为横向排序，则由上至下的说明顺序应与由左至右的层次对应一致，如图 1-30 所示。

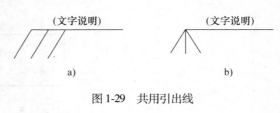

图 1-29　共用引出线

4. 对称符号

对称符号由对称线和两端的两对平行线组成。对称线用细单点长画线绘制；平行线用细实线绘制，其长度宜为 6 ~ 10mm，每对的间距宜为 2 ~ 3mm；对称线垂直平分于两对平行线，两端超出平行线宜为 2 ~ 3mm，如图 1-31 所示。

5. 连接符号

连接符号应以折断线表示需连接的部位。两部位相距过远时，折断线两端靠图样一侧应标注大写拉丁字母表示连接编号。两个被连接的图样应用相同的字母编号，如图 1-32 所示。

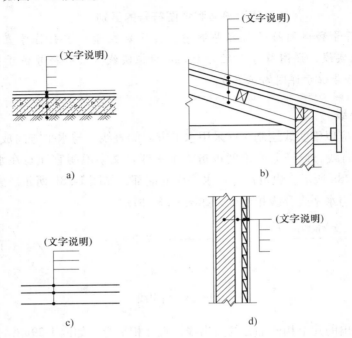

图 1-30　多层共用引出线

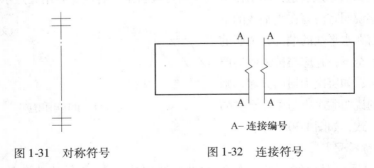

图 1-31　对称符号　　　　　　图 1-32　连接符号

6. 指北针

指北针的形状符合图 1-33 的规定，其圆的直径宜为 24mm，用细实线绘制；指针尾部的宽度宜为 3mm，指针头部应注"北"或"N"字。需用较大直径绘制指北针时，指针尾部的宽度宜为直径的 1/8。

7. 变更云线

对图样中局部变更部分宜采用云线，并宜注明修改版次，如图 1-34 所示，图中的 1 为修改次数。

图 1-33　指北针　　　　　　　　　图 1-34　变更云线

知识链接

剖 视 方 向

剖视方向线应垂直于剖切线，在剖切线两端的同侧各画一段与它垂直的短粗实线，称为剖视方向线，简称视向线。剖视方向线长度宜为 4~6mm，表示观看方向为朝向这一侧。

六、尺寸标注

图样上的尺寸，应包括尺寸界线、尺寸线、尺寸起止符号和尺寸数字，如图 1-35 所示。

1. 尺寸界线

尺寸界线应用细实线绘制，应与被注长度垂直，其一端应离开图样轮廓线不应小于 2mm，另一端宜超出尺寸线 2~3mm。图样轮廓线可用作尺寸界线，如图 1-36 所示。

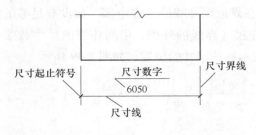

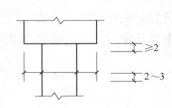

图 1-35　尺寸的组成　　　　　　　　图 1-36　尺寸界线

2. 尺寸线

尺寸线应用细实线绘制，应与被注长度平行。图样本身的任何图线均不得用作尺寸线。

3. 尺寸起止符号

尺寸起止符号用中粗斜短线绘制，其倾斜方向应与尺寸界线成顺时针 45°角，长度宜为 2～3mm。半径、直径、角度与弧长的尺寸起止符号，宜用箭头表示，如图 1-37 所示。

图 1-37　箭头尺寸起止符号

4. 尺寸数字

1）图样上的尺寸，应以尺寸数字为准，不得从图上直接量取。

2）图样上的尺寸单位，除标高及总平面以"m"为单位外，其他必须以"mm"为单位。

3）尺寸数字的方向，应按图 1-38a 的形式注写。若尺寸数字在 30°斜线区内，也可按图 1-38b 的形式注写。

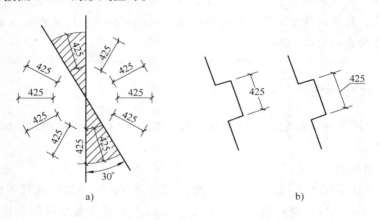

图 1-38　尺寸数字的注写方向

4）尺寸数字应依据其方向注写在靠近尺寸线的上方中部。如没有足够的注写位置，最外边的尺寸数字可注写在尺寸界线的外侧，中间相邻的尺寸数字可上下错开注写，引出线端部用圆点表示标注尺寸的位置，如图 1-39 所示。

图 1-39　尺寸数字的注写位置

知识链接

尺寸数字单位

除总平面和标高以外，其余所有尺寸数字均以"mm"为单位，并可省略。

5. 尺寸的排列与布置

1）尺寸宜标注在图样轮廓以外，不宜与图线、文字及符号等相交，如图1-40所示。

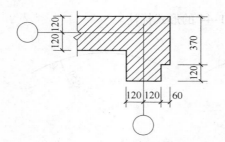

图1-40 尺寸数字的注写

2）互相平行的尺寸线，应从被注写的图样轮廓线由近向远整齐排列，较小尺寸应离轮廓线较近，较大尺寸应离轮廓线较远，如图1-41所示。

3）图样轮廓线以外的尺寸界线，距图样最外轮廓之间的距离，不宜小于10mm。平行排列的尺寸线的间距，宜为7~10mm，并应保持一致，如图1-41所示。

6. 半径、直径、球的尺寸标注

1）半径的尺寸线应一端从圆心开始，另一端画箭头指向圆弧。半径数字前应加注半径符号"R"，如图1-42所示。

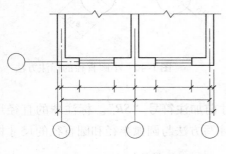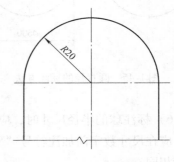

图1-41 尺寸的排列　　　　　　图1-42 半径标注方法

2）较小圆弧的半径，可按图 1-43 的形式标注。

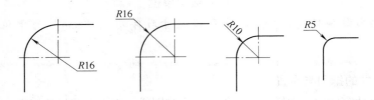

图 1-43　小圆弧半径的标注方法

3）较大圆弧的半径，可按图 1-44 的形式标注。

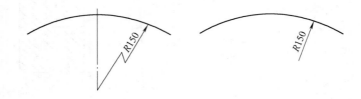

图 1-44　大圆弧半径的标注方法

4）标注圆的直径尺寸时，直径数字前应加直径符号"ϕ"。在圆内标注的尺寸线应通过圆心，两端画箭头指至圆弧，如图 1-45 所示。

5）较小圆的直径尺寸，可标注在圆外，如图 1-46 所示。

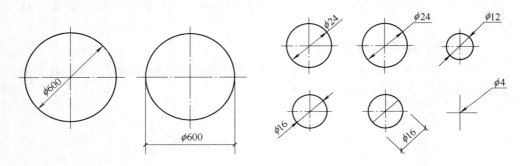

图 1-45　圆直径的标注方法　　　　图 1-46　小圆直径的标注方法

6）标注球的半径尺寸时，应在尺寸前加注符号"SR"。标注球的直径尺寸时，应在尺寸数字前加注符号"$S\phi$"。注写方法与圆弧半径和圆直径的尺寸标注方法相同。

知识链接

圆 的 标 注

凡是与圆有关的标注，除引出标注外尺寸起止符号均使用箭头代替45°短斜线。标注与读图时要注意尺寸数字前的符号：R 表示半径，一端从圆心开始，另一端画箭头指至圆弧；φ 表示直径，两端画箭头指至圆周。

7. 角度、弧度、弧长的标注

1）角度的尺寸线应以圆弧表示。该圆弧的圆心应是该角的顶点，角的两条边为尺寸界线。起止符号应以箭头表示，如没有足够位置画箭头，可用圆点代替，角度数字应沿尺寸线方向注写，如图 1-47 所示。

2）标注圆弧的弧长时，尺寸线应以与该圆弧同心的圆弧线表示，尺寸界线应指向圆心，起止符号用箭头表示，弧长数字上方应加注圆弧符号"⌒"，如图 1-48 所示。

3）标注圆弧的弦长时，尺寸线应以平行于该弦的直线表示，尺寸界线应垂直于该弦，起止符号用中粗斜短线表示，如图 1-49 所示。

| 图 1-47 角度标注方法 | 图 1-48 弧长标注尺寸 | 图 1-49 弧长标注方法 |

8. 薄板厚度、正方形、坡度、非圆曲线等尺寸标注

1）在薄板板面标注板厚尺寸时，应在厚度数字前加厚度符号"t"，如图 1-50 所示。

2）标注正方形的尺寸，可用"边长×边长"的形式，也可在边长数字前加正方形符号"□"，如图 1-51 所示。

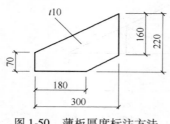
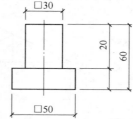

图 1-50 薄板厚度标注方法　　　图 1-51 标注正方形尺寸

3）标注坡度时，应加注坡度符号"◂—"，如图 1-52a、b 所示，该符号为单面箭头，箭头应指向下坡方向。坡度也可用直角三角形形式标注，如图 1-52c 所示。

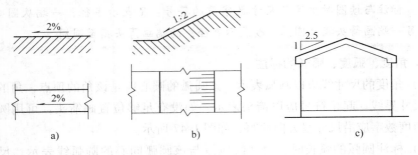

图 1-52　坡度标注方法

4）外形为非圆曲线的构件，可用坐标形式标注尺寸，如图 1-53 所示。

5）复杂的图形，可用网格形式标注尺寸，如图 1-54 所示。

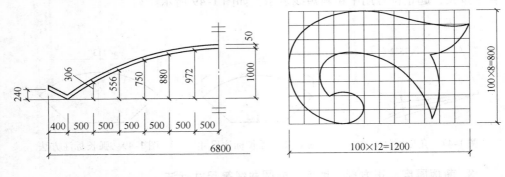

图 1-53　坐标法标注曲线尺寸　　　　　图 1-54　网格法标注尺寸

9. 尺寸的简化标注

1）杆件或管线的长度，在单线图（桁架简图、钢筋简图、管线简图）上，可直接将尺寸数字沿杆件或管线的一侧注写，如图 1-55 所示。

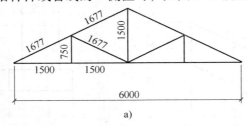

图 1-55　单线图尺寸标注方法

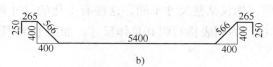

b)

图 1-55 单线图尺寸标注方法（续）

2）连续排列的等长尺寸，可用"等长尺寸×个数＝总长"（图 1-56a）或 "等分×个数＝总长"（图 1-56b）的形式标注。

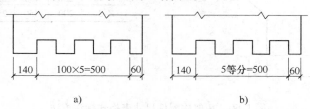

图 1-56 等长尺寸简化标注方法

3）构配件内的构造因素（如孔、槽等）相同，可仅标注其中一个要素的尺寸，如图 1-57 所示。

4）对称构配件采用对称省略画法时，该对称构配件的尺寸线应略超过对称符号，仅在尺寸线的一端画尺寸起止符号，尺寸数字应按整体全尺寸注写，其注写位置宜与对称符号对齐，如图 1-58 所示。

5）两个构配件，如个别尺寸数字不同，可在同一图样中将其中一个构配件的不同尺寸数字注写在括号内，该构配件的名称也应注写在相应的括号内，如图 1-59 所示。

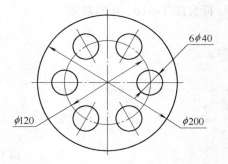

图 1-57 相同要素尺寸标注方法

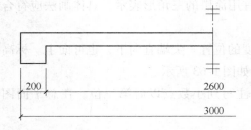

图 1-58 对称构件尺寸标注方法

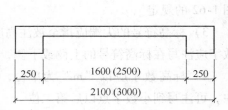

图 1-59 相似构件尺寸标注方法

6）数个构配件，如仅某些尺寸不同，这些有变化的尺寸数字，可用拉丁字母注写在同一图样中，另列表格写明其具体尺寸，如图1-60所示。

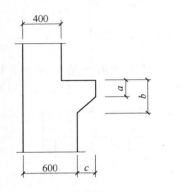

构件编号	a	b	c
$Z-1$	200	200	200
$Z-2$	250	450	200
$Z-3$	200	450	250

图1-60 相似构配件尺寸表格式标注方法

10. 标高

1）标高符号应以直角等腰三角形表示，按图1-61a所示形式用细实线绘制，当标注位置不够，也可按图1-61b所示形式绘制。标高符号的具体画法应符合图1-61c、d的规定。

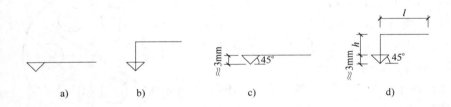

图1-61 标高符号
l—取适当长度注写标高数字 h—根据需要取适当高度

2）总平面图室外地坪标高符号，宜用涂黑的三角形表示，具体画法应符合图1-62的规定。

3）标高符号的尖端应指至被注高度的位置。尖端宜向下，也可向上。标高数字应注写在标高符号的上侧或下侧，如图1-63所示。

4）标高数字应以"m"为单位，注写到小数点以后第三位。在总平面图中，可注写到小数字点以后第二位。

5）零点标高应注写成 ±0.000，正数标高不注"＋"，负数标高应注"－"，例如3.000、－0.600。

6）在图样的同一位置需表示几个不同标高时，标高数字可按图1-64的形式注写。

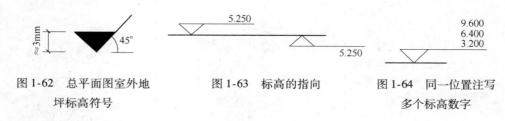

图1-62　总平面图室外地
坪标高符号

图1-63　标高的指向

图1-64　同一位置注写
多个标高数字

知识链接

标注尺寸应注意的问题

标注尺寸时应注意的一些问题见表1-11。

表1-11　标注尺寸应注意的问题

说　明	正　确	错　误
尺寸数字应写在尺寸线的中间，水平尺寸数字应从左到右写在尺寸线上方，竖向尺寸数字应从下到上写在尺寸左侧	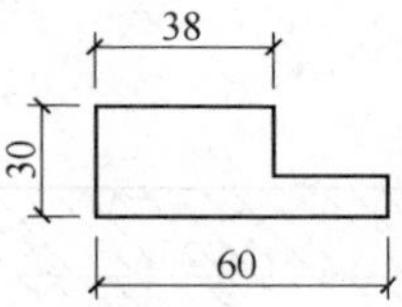	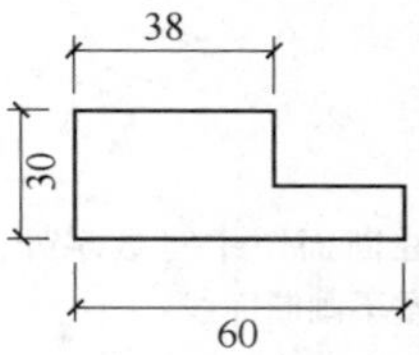
长尺寸在外，短尺寸在内	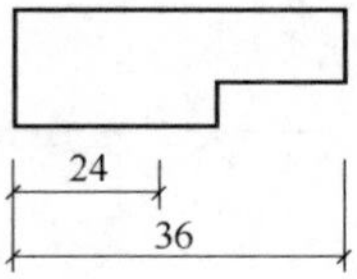	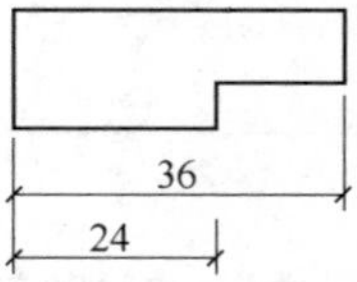
不能用尺寸界线作为尺寸线	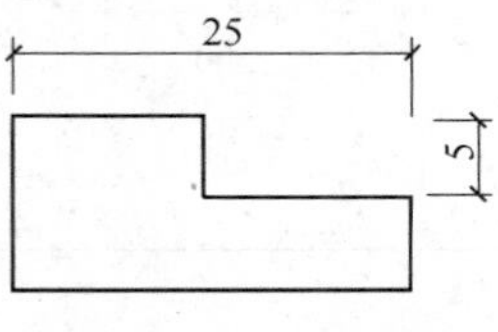	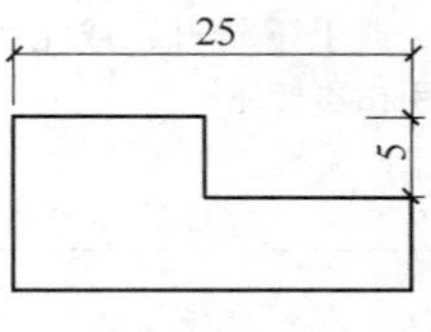
轮廓线、中心线可以作为尺寸界线，但不能用作为尺寸线	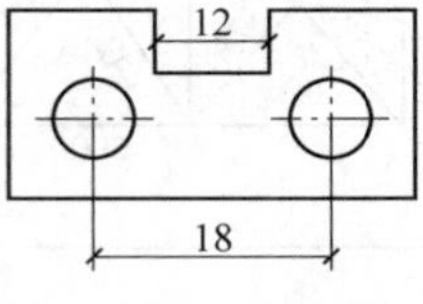	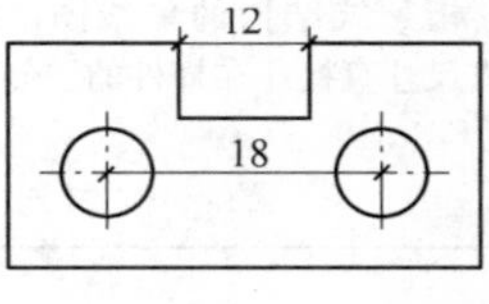

（续）

说　明	正　确	错　误
尺寸线倾斜时数字的方向应便于阅读，尽量避免在斜线范围内注写尺寸		
同一张图样内尺寸数字应大小一致		
在断面图中写数字处，应留空不画断面线		
两尺寸界线之间比较窄时，尺寸数字可注在尺寸界线外侧，或上下错开，或用引出线引出再标注		
桁架式结构的单线图，宜将尺寸直接注在杆件的一侧		

第四节 绘图步骤和方法

按照一定的绘图步骤进行绘图是提高绘图效率和正确率的重要保证，保证良好的作图习惯和绘图方法也是对图纸质量的重要保证。

一、绘图准备

1）将大小合适的图纸用胶带纸（或绘图钉）固定在绘图板上，图纸距绘图板底边应有一个丁字尺的距离。

2）根据所画图样的要求，选定图纸幅面和比例。在选取图纸幅面和比例时，必须遵守国家标准的有关规定。

3）将铅笔、圆规、丁字尺、三角板等用具准备齐全，将各种绘图用具按顺序放在固定位置。

二、画稿线

1）按照图纸幅面的规定绘制图框，用 H 或 2H 铅笔在图纸上按规定位置绘出标题栏等内容。

2）合理布置图面，综合考虑标注尺寸和文字说明的位置，定出图形的中心线或外框线，避免在一张图纸上出现太空和太挤的现象，使图面匀称美观。

3）先画图形的主要轮廓线，再画细部。画草稿时最好用较硬的铅笔，落笔尽可能轻、细，以便修改。

4）画尺寸线、尺寸界线和其他符号。

5）仔细核对，擦去多余线条，完成全图底稿。

三、画墨线

1）加深图线时应选用适当硬度的铅笔加深图线。

2）上墨是在绘制完成的底稿上用墨线加深图线，步骤与用铅笔加深基本一致，一般使用绘图墨水笔，具体加深和加粗的方法应按表 1-12 的要求绘制。

表 1-12 线条的加深和加粗

	正 确	错 误
粗线与稿线的关系	——————	——————

（续）

	正　确	错　误
稿线为粗线的中心线		
两稿线距离较近时，可沿稿线向外加粗		

　　3）描图在工程施工过程中往往需要多份图纸，这些图纸通常采用描图和晒图的方法进行。

第五节　施工图识读方法和要领

一、识图的基本方法

　　正确的识图方法是快速识读施工图的关键。因此，想看懂施工图首先学会看图的基本方法。对于一个尚未掌握识图方法的人来讲，面对一大叠图样，可能无从下手；也可能东看一下，西瞧一眼，分不清主次，理不清思路，抓不住要点，导致识图效果较差，收获不大。实践表明，正确的识图方法一般应先弄清楚是什么图样，了解其特点，然后根据该图样的特点进行识图。因此对于一张施工图样，可遵循如下诀窍进行识图，即"从上往下看，从左往右看，从外往里看，由大到小看，由粗到细看，图样与说明对照看，建施与结施结合看，设备图样参考看"。只有这样，才能达到识图的目的，收到良好的识图效果。

　　图形是由线条构成的，施工图样上的各种各样的线条纵横交错，各种符号、图例、详图繁杂，因此要求初学识图的人必须要有耐心，识图中应认真细致，注意对照，善于推敲，才能真正把施工图弄清楚、看明白。

二、识图的基本流程

　　识读图样的过程中应遵循施工图的逻辑关系，并以此为思路进行系统地识读，如图1-65所示。

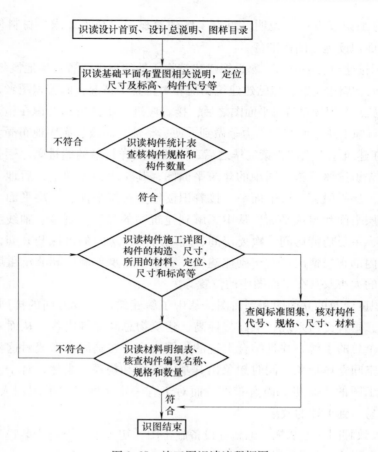

图 1-65　施工图识读流程框图

三、识图的基本步骤

识图是一种视觉活动与空间想象相结合的工作，因此应按照一定的步骤进行。对于识图人员而言，当接到一套施工图后，通常可按下述步骤进行识图。

1）识读施工图的目录。从中了解该拟建建筑的业主、设计单位、图样总张数、建筑的类型、建筑的用途、建筑的面积、建筑的层数等，从而初步了解这套施工图的基本情况。

2）检查各专业类别的图样情况，重点查阅图样种类是否齐全，张数是否足够，图样编号是否正确，编号与图号是否符合，查对所采用的有关规范、规程和套用的标准图集，了解它们的编号和编制单位，并收集这些资料以备查用，这些均为正式识图前的准备工作，它关系到接下去识图过程的顺利与否。

3）仔细识读设计总说明，重点了解建筑概况、技术要求、材料使用情况等。为全面识读施工图作准备。

4）识读建筑总平面图，熟悉拟建建筑物所处的地理位置、场地概貌、高程、坐标、朝向、周边关系、与已建建筑物的相对位置等情况，倘若识图者是一名施工技术人员，在识读建筑总平面图之后，接着应进一步分析和考虑在施工时如何合理地进行施工总平面布置，力争做到方便、整洁、高效、有序地布局。

5）在建筑总平面图识读完毕之后，一般按图样目录的编排顺序逐张往下识读。通常先识读建筑施工图中的建筑平面图，其顺序为先地下，后地上，即先识读地下一层平面、二层平面……接着识读地上一层平面、二层平面、标准层平面、顶层平面和屋顶平面。从中了解到建筑物的长度、宽度、轴线编号、轴线间尺寸，主要功能房间、次要房间、辅助房间、房间的进深与开间，水平交通系统等内部布局情况。对于砌体建筑，重点了解承重墙体和非承重墙体的布置、门窗的大小及其在平面图中的位置等。

6）识读建筑的立面图和剖面图，从中了解建筑沿高度方向的排列与布局、空间组合、垂直交通系统、层高与标高、建筑物总高度等内容，从而对整栋建筑物有一个总的了解，并且结合上述的识图内容，在脑海中形成对这栋建筑一个整体的空间立体形象，同时想象出其基本轮廓和规模。当然，对于一个第一次识读施工图的人来讲，尚有难度。而对于有一定实践经验的识图人员来讲，将比较容易达到上述的效果。

7）大致翻阅一下水施、电施等设备施工图，初步了解设备安装过程中对土建的要求和影响。如果识图者是一位现场施工技术人员，显然这一方面的工作是非常重要的。在对每张图样经过初步系统地识读之后，对整栋建筑有了一定的了解，然后重点地识读结构施工图，对于结构施工图的识读顺序一般按施工进度的先后顺序进行，即从基础施工图开始一步步地、深入地、仔细地识读，按照"基础—结构—建筑—设施"的施工顺序进行识图。

8）识读基础结构平面布置图及相应的剖切详图和构件详图，重点了解基础的埋深，挖土的深度，基础的构造、尺寸，所用的材料，防水处理技术及做法，轴线的位置等方面内容。在识读过程中，必须紧密结合地质勘探报告书，了解土质层次、特性和分布情况，以便在施工中核对土质构造，尤其是应熟悉地基持力层土质特性及地下水位高度，从而保证地基土的质量。在识读过程中，对所遇到的"错误、重复、遗漏、缺项"以及疑难问题，应及时记录下来，以便在继续识读中得到解决，或在设计交底或在施工会审中提出，并得到答复。

9）识读楼层结构平面布置图，重点识读构件的类型、编号、尺寸及其在布置图中的具体位置、楼层标高、配筋情况，预留孔洞位置、构件详图。

10）识读屋盖结构平面布置图，重点识读出屋面的构件布置及其详图，屋面标高、找坡、天沟、女儿墙，以及一般楼层结构平面布置图的基本内容。

11）识读工种施工部分图样或图例。在上述识读全部图样之后，按照不同工种有关的施工部分，对施工图再进一步仔细识读。了解沼水工种在砌筑砌体时墙体的厚度、高度、门窗及其洞口的大小，窗口的出檐情况（一般分为带出檐和无带出檐两种）；洞口上的构造，即是否有过梁、过梁的形式（如拱形梁、平梁等）、过梁的材料（如钢筋混凝土、砌块、砌块加钢筋等）、过梁的施工方法；外堵墙面是清水墙还是混水墙，是一般的外粉刷还是粘贴瓷砖等。对木工人员来讲，就应关心在哪里需要支撑模板，一般有现浇钢筋混凝土的梁、柱、板、楼梯等，那么就得了解梁、柱、板等构件的断面尺寸、标高、长度和高度等。除此之外，还必须通过识图了解门窗的编号、数量、类型和材质要求，以及建筑上有关的木作装修等内容。对于钢筋工序而言，凡是图样中有表达钢筋的地方，必须仔细识读，了解钢筋的类别、直径、形状、根数和排列方式，以及搭接方法，从而才能正确地进行下料长度计算、钢筋制作和钢筋的绑扎。同理，对于其他各工种工序都应从施工图中认真识读，了解所需施工的部分，以及与其他工序之间的时间关系、位置关系和相互的影响或制约条件等。所以，对于所有的施工技术人员，除了应会准确识读施工图外，还必须能够充分地分析和综合考虑施工图中对施工技术的要求，从而从技术、材料供应和组织管理等方面的准备，来确保各工序的紧密衔接和工程的施工质量，以及安全作业。

通过认真识读施工图样和参加工程建筑施工实际活动和相关的工作，不断地总结实践经验和识图的方法和技术，在识读施工图中还应该能够发现各类施工图之间是否存在有矛盾的地方，在构造上是否可以施工，表达上是否有错误，是否有存在与国家颁发的现行有关工程技术标准、规范和规程相悖之处，支撑时标高是否能与砌块高度对口，是否符合砌块皮数要求等。与此同时，养成及时做记录的习惯，一边识读施工图，一边认真做笔记，记录关键工序的关键内容，以免遗忘，以备查阅、讨论和更改。从砌体建筑来讲，关键的内容有轴线的编号和位置、轴线间的尺寸，房屋的开门和进深尺寸、楼层高度，楼房总高度，主要的梁板、柱和墙体的断面尺寸、长度和高度；采用的混凝土的强度等级，砂浆的类型及其强度等级，钢筋的品种等。必须注意的是，通过一次识读图样是不能将拟建建筑物全部记住，只能是先从大的方面：总体的情况熟悉，在实际工作中还应该结合具体施工工序再仔细地识读相关的部分图样，只有真正做到按图施工，并无出现差错，才能算得上真正看懂图样。

随着识图技术的提高和实践经验的丰富，最后才能把平面上的图形"看"成为一栋富有立体感的建筑形象。到此程度，那就称得上具有一定的识图水平。当然，这个目标的实现，需要的是技术的提高，经验的积淀，还有本身所具有和经过培养得到的空间概念及空间想象力。因此，需要一个过程的训练，而并非是一朝一夕所能具备的，通过实践→总结→积累→再实践→再总结→再积累的多层次锻炼才能达到。所以，只要具备了识读图样的初步知识，同时认真钻研，虚心求教，循序渐进，达到会识图、能看图和看懂图并不难。

四、识图的基本要领

　　对于任何一栋建筑工程，不论简单还是复杂，总是需要用一套图样来表达；而每一张图样中的内容一般又由多个图形构成，有大有小，有主有次。因此，识读人员必须掌握识读施工图的基本要领，这样才能在识图过程中得心应手。

　　（1）识图时必须由大到小，由粗到细

　　在识读施工图时，应先识读总平面图和平面图，然后结合立面图和剖面图的识读，最后识读详图。

　　在识读园林施工图时，首先应识读园林平面布置图，然后识读构件图，最后才能识读构件详图或断面图。

　　（2）仔细识读设计说明或附注

　　在建筑工程施工图中，对于拟建建筑物中一些无法直接用图形表示的内容，而又直接关系到工程的做法及工程质量，往往以文字要求的形式在施工图中适当的页次或某一张图样中适当的位置表达出来。显然，这些说明或附注同样是图样中的主要内容之一，不但必须看，而且必须看懂并且认真、正确地理解。例如建施中墙体所用的砌块，正常情况下均不会以图形的形式表示其大小和种类，更不可能表示出其强度等级，只好在设计说明中以文字形式来表述。再如，在结施中，楼板图样中的分布筋，同样无法在图中画出，只能以附注的形式表达在同一张施工图中。

　　（3）牢记常用图例和符号

　　在建筑工程施工图中，为了表达的方便和简捷，也让识读人员一目了然，在图样绘制中有很多的内容采用符号或图例来表示。因此，对于识读人员务必牢记常用的图例和符号，这样才能顺利地识读图样，避免识读过程中出现"语言"障碍。正如图样是工程师的语言一样，施工图中常用的图例和符号是工程技术人员的共同语言或组成这种语言的字符。

　　（4）注意尺寸及其单位

　　在图样中的图形或图例均有其尺寸，尺寸的单位为"米（m）"和"毫米

（mm）"两种，对于图样中的标高和总平面图中的尺寸用米为单位外，其余的尺寸均以毫米为单位，且对于以毫米为单位的尺寸在图样中尺寸数字的后面一律不加注单位。

（5）不得随意变更或修改图样

在识读施工图过程中，若发现图样设计或表达不全甚至是错误时，应及时准确地做出标记。

第六节 | 投影基础

一、投影的概念

1. 中心投影法

如图 1-66a 所示中把光源抽象为一点 S，称为投影中心，光线称为投影线，P 平面称为投影面。过点 S 与△ABC 的顶点 A 作投影线 SA，其延长线与投影面 P 交于 a，这个交点称为空间点 A 在投影面 P 上的投影。由此得到投影线 SA、SB、SC 分别与投影面 P 交于 a、b、c，线段 ab、bc、ca 分别是线段 AB、BC、CA 的投影，而△abc 就是△ABC 的投影。这种投影线都从投影中心出发的投影法称为中心投影法，所得的投影称为中心投影。

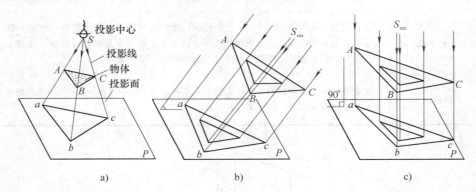

图 1-66 投影的概念

a）中心投影法 b）、c）平行投影法

2. 平行投影法

如果将投影中心 S 移至无穷远 S_∞，则所有的投影线都可视为互相平行的，如图 1-66b、1-66c 所示中用平行投影线分别按给定的投影方向做出△ABC 在 P 面上的投影△abc，其中 Aa、Bb、Cc 是投影线。这种投影线互相平行的投影法称为平行投影法，所得的投影称为平行投影。平行投影又分为两种：斜投影和正投影。

1）斜投影投影方向与投影面倾斜，如图1-66b所示。

2）正投影投影方向与投影面垂直，如图1-66c所示。

3. 各种投影法在建筑工程中的应用

各种投影法在建筑工程中的应用见表1-13。

表1-13　各种投影法在建筑工程中的应用

项　目	内　容
中心投影法	中心投影法，主要用来绘制形体的透视投影图（简称透视图）。透视图主要用来表达建筑物的外形或房间的内部布置等。透视图与照相原理相似，相当于将照相机放在投影中心所拍的照片一样，显得十分逼真，如图1-67所示。透视图直观性很强，常用于建筑设计方案比较和展览。但透视图的绘制比较烦琐，建筑物各部分的确切形状和大小不能直接在图中度量
平行投影法	平行投影法，可用来绘制轴测投影图（简称轴测图）。轴测图是将形体按平行投影法并选择适宜的方向投影到一个投影面上，能在一个图中反映出形体的长、宽、高三个方向，具有较强的立体感，如图1-68所示。轴测图也不便于度量和标注尺寸，故在工程中常作为辅助图样
正投影法	正投影法，在两个或两个以上投影面上，做出形体的多面正投影图，如图1-69所示。正投影图的优点是作图较其他图示法简便，便于度量和标注尺寸，工程上应用最广。但它缺乏立体感，需经过一定的训练才能看懂
标高投影法	标高投影图是一种带有数字标记的单面正投影图，如图1-70a所示。标高投影常用来表示地面的形状，如图1-70b所示。

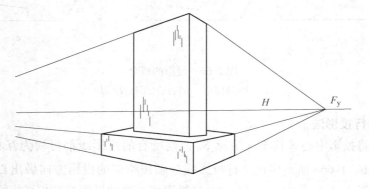

图1-67　形体的透视图

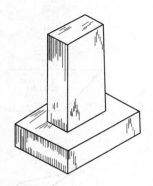

图 1-68　形体的轴测图

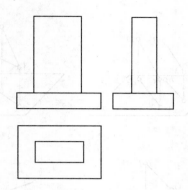

图 1-69　形体的多面正投影图

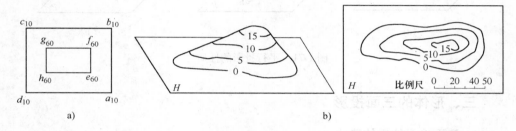

a)　　　　　　　　　　　　　　　　　　b)

图 1-70　标高投影图

a）形体的标高投影图　b）地形的标高投影图

二、平行投影的性质

平行投影的性质见表 1-14。

表 1-14　平行投影的性质

性　　质	内　　　　容
平行性	相互平行的两直线在同一投影面上的平行投影保持平行，如图 1-71a 所示
从属性	属于直线的点其投影属于该直线的投影，如图 1-71d 所示
定比性	直线上两线段之比等于该直线的投影，如图 1-71d 所示，平行两线段长度之比等于其投影长度之比，如图 1-71a 所示
积聚性	当直线或平面图形平行于投影线时，其平行投影积聚为一点或一直线，如图 1-71b、c 所示
可量性	当线段或平面图形平行于投影面时，其平行投影反映实长或实形，如图 1-71e、f 所示

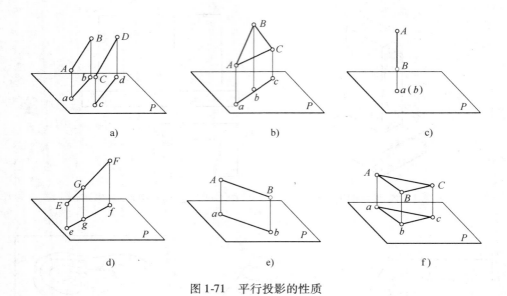

图 1-71　平行投影的性质

三、形体的三面投影

1. 三面投影体系的建立

三面投影体系的建立中，如果给定了空间形体及投影面，可以确切地做出该形体的正投影图。反过来，如果仅知道形体的一个投影，形体Ⅰ和形体Ⅱ在 H 面上的投影形状和大小是一样的。这样仅给出这一个投影，就难以确定它所表示的到底是形体Ⅰ，还是形体Ⅱ，或其他几何形体，如图 1-72 所示。设置两个互相垂直的投影面组成两投影面体系，两投影面分别称为正立投影面 V（简称 V 面）和水平投影面 H（简称 H 面），V 面与 H 面的交线 OX 称为投影轴，如图 1-73a 所示。

设形体四棱台，分别向 V 面和 H 面作投影，则四棱台的水平投影是内外两个矩形，其对应角相连，两个矩形是四棱台上、下底面的投影，四条连接的斜线是棱台侧棱的投影；四棱台的 V 投影是一个梯形线框，梯形的上、下底是棱台的上、下底面的积聚投影，两腰是左、右侧面的积聚投影。如果单独用一个 V 投影表示，它可以是形体 A 或 C；单独用一个 H 投影表

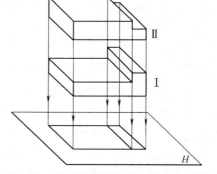

图 1-72　单一投影不能唯一确定空间形体

示,它可以是形体 *A* 或 *B*。只有用 *V* 投影和 *H* 投影来共同表示一个形体,才能唯一确定其空间形状,即四棱台 *A*。

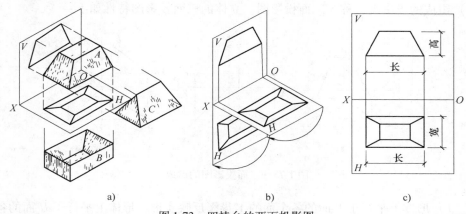

图 1-73 四棱台的两面投影图

a) 投影示意图 b)、c) 投影展开图

做出棱台的两个投影之后,将形体移开,再将两个投影面展开。如图 1-73b 所示,展开时规定 *V* 面不动,使 *H* 面连同水平绕投影轴 *OX* 向下旋转,直至与 *V* 面同在一个平面上。

有些形体,用两个投影还不能唯一确定它的形状,如图 1-74 所示,于是还要增加一个同时垂直于 *V* 面和 *H* 面的侧立投影面(简称 *W* 面)。被投影的形体就放置在这 3 个投影面所组成的空间里。形体 *A* 的 *V*、*H*、*W* 面投影所确定的形体是唯一的,不可能是 *B* 和 *C* 或其他。

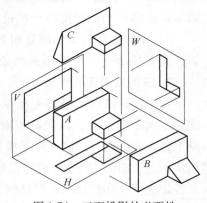

图 1-74 三面投影的必要性

2. 三面投影图的展开及特性

V 面、*H* 面和 *W* 面共同组成一个三个投影面体系,如图 1-75a 所示。这 3 个投影面分别两两相交于 3 条投影轴,*V* 面和 *H* 面的交线称为 *OX* 轴,*H* 面和 *W* 面的交线称为 *OY* 轴,*V* 面和 *W* 面的交线称为 *OZ* 轴,三轴线的交点称为原点。

实际作图只能在一个平面(即一张图样)上进行。为此需要把 3 个投影面转化为一个平面。如图 1-75b 所示,规定 *V* 面固定不动,使 *H* 面绕 *OX* 轴向下旋转 90°角,*W* 面绕 *OZ* 轴向右旋转 90°角,于是 *H* 面和 *W* 面就同 *V* 面重合成一个平面。这时 *OY* 轴分为两条:一条随 *H* 面转到与 *OZ* 轴在同一垂直线上,标注为

OYH；另一条随 *W* 面转到与 *OX* 轴在同一水平线上，标注为 *OYW*，以示区别，如图 1-75c 所示。正面投影（*V* 投影）、水平投影（*H* 投影）和侧面投影（*W* 投影）组成的投影图，称为三面投影图。立体的三面投影图特性如下：

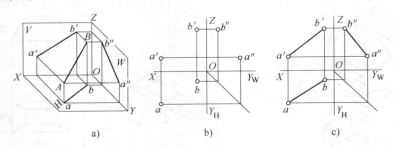

图 1-75　三面投影图的形成

1）形体上平行于 *V* 面的各个面的 *V* 投影反映实形，形体上平行于 *H* 面的各个面的 *H* 投影反映实形，形体上平行于 *W* 面的各个面的 *W* 投影反映实形。

2）水平投影（*H* 投影）和正面投影（*V* 投影）具有相同长度，即长对正；正面投影（*V* 投影）和侧面投影（*W* 投影）具有相同高度，即高平齐；水平投影（*H* 投影）和侧面投影（*W* 投影）具有相同宽度，即宽相等。

3）*H* 投影靠近 *X* 轴部分和 *W* 投影靠近 *Z* 轴部分与形体的后部相对应，*H* 投影远离 *X* 轴部分和 *W* 投影远离 *Z* 轴部分与形体的前部相对应。

3. 三面投影图的画法

在画投影图时，应首先根据投影规律对好三视图的位置。在开始作图时，先画上水平联系线，以保证正面投影（*V* 投影）与侧面投影（*W* 投影）等高；画上铅垂联系线，以保证水平投影（*H* 投影）与正面投影（*V* 投影）等长，利用从原点引出的45°线（或用以原点 *O* 为圆心所作的圆弧）将宽度在 *H* 投影与 *W* 投影之间互相转移，以保证侧面投影（*W* 投影）与水平投影（*H* 投影）等宽。

一般情况下形体的三面投影图应同步进行，也可分步进行，但一定要遵循上述"三等"的投影规律。

四、读图的方法

1. 形体分析法

使用形体分析法读图时，需根据视图的特点，把视图按封闭的线框分解成几个部分，每一部分按线框的投影关系，分离出组合体各组成部分的投影。想象出由这些线框所表示的基本几何体的形状和它们之间的组合关系，最后综合想象出物体的完整形状。

读图时，一般以最能反映物体形状特征的主视图为中心，把相应的视图联系起来看，才能正确地、较快地确定物体的空间形状。

2. 线面分析法

从"线"和"面"的角度去分析物体的形成。因为每一基本几何体都是由面（平面或曲面）组成的，而面又是由线段（直线或曲线）所组成的。在阅读较复杂形体的视图时，往往还需要对组成视图的某些线条进行具体分析。

线面分析法的特点和要求，就是要看懂视图上有关线框和图线的意义，这就需要熟练掌握各种位置的线、面的投影特点，并根据投影想象出空间物体的形状和位置。

形体分析和线面分析这两种读图方法是相辅相成、紧密联系的。一般以形体分析法为主，只有当物体的某个局部不易看懂时，再运用线面分析法做进一步分析线、面的投影含义及相互关系，以帮助看懂该部分的形状。最后把想象出的组合体，再逐一反画出它的视图，并与已知视图相对照，来检验想象的正确性。

如图 1-76a 所示的组合体的 3 个视图为例，来说明读图的方法。

正面图中由实线表示的 3 个独立的四边形 A^2、B^2 和 C^2。由正面图内下方的矩形 A^2，在平面图和左侧面图中对应的也是矩形 A^1 和 A^3，可知组合体的下方是一个长方体。

又因正面图中左方的矩形 B^2 所对应的 B^1 和 B^3 均是矩形，可知 B 也是一个长方体。

正面图中右方实线 C^2 所示的是一个梯形，对应的 C^3 是一个矩形，故可能是一个四棱柱，对应的平面图是两个相交的 U 形图形，中间有一个矩形 D^1。而对应于 D^1 的正面图和左侧面图是虚线围成的梯形 D^2 和矩形 D^3，故 D 是一个四棱柱。因而 C 是由一个四棱柱在右上方挖去一个小的四棱柱 D 后所形成的形体。因挖去了 D，使 C 的右上方棱线 E 被中断，因而 E^1 也是中断的。直线 F 为 D 的底面与 C 的右侧面的交线。

上述 4 个几何体的形状，如图 1-76b 所示，于是形成一个如图 1-76c 所示的组合体。

由已知的两个视图补画出第三个视图，称为二补三。它可以检查读图的正确性。因为只有在想象出两视图所表示的物体空间形状后，才能正确无误地补画出第三个视图。

若已知如图 1-77 所示的主视图和俯视图，要求补画出它的左视图。

根据形体分析，可将主视图中的投影分成 3 个主要线框 A、B、C，作为组成该组合体的 3 个部分在主视图中的投影。分别找出它们在俯视图中的对应投影，并逐个想象出它们的形状，最后根据相对位置综合想象出组合体的形状并补画出左视图。

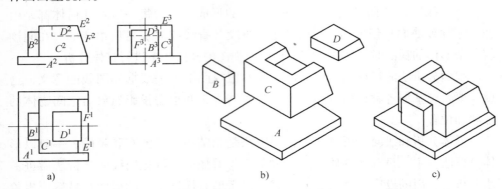

图 1-76　组合体的读图
a) 视图　b) 形体分析　c) 组合体

　　如图 1-77 所示，根据 A 的两个已知投影，可想象出 A 是一块四周有圆角，左、右两侧在前后对称处各开了一个 U 形槽的长方形底板，在底板的中下部挖去了一个四棱柱体，板的中心有一直径同形体 B 圆筒内径相同的通孔。

　　同理，根据 B、C 的两个已知投影，可分别想像出 B 是一个在顶都开有左、右通槽的直立圆筒，C 是由四棱柱体和半圆柱体相接组成的并在交接处开有通孔的凸台。综合想象出的组合体，如图 1-78 所示。

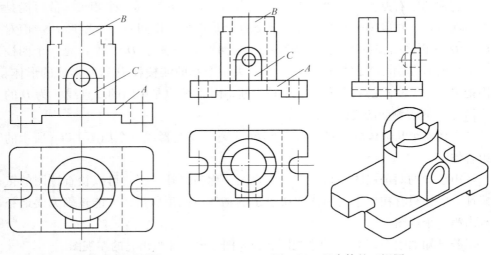

图 1-77　已知组合体两视图　　　　图 1-78　组合体的三视图

第七节 | 视图、剖面图和断面图

一、视图

1. 基本识图

用正投影法在三个投影面（V、H、W）上获得形体的三面投影图，在工程上叫作三视图。其中正面投影叫作主视图，水平投影叫作俯视图，侧面投影叫作侧视图。从投影理论上讲，形体的形状一般用三面投影均可表示。三视图的排列位置及它们之间的三等关系，如图1-79所示。所谓三等关系，即主视图和俯视图反映形体的同一长度，主视图和左视图反映形体的同一高度，俯视图和左视图反映形体的同一宽度（即长对正、高平齐、宽相等）。

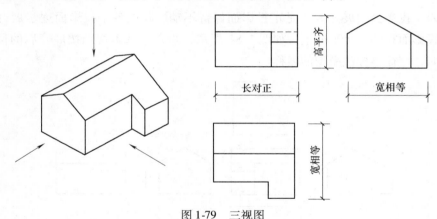

图1-79　三视图

但是，当形体的形状比较复杂时，它的六个面的形状可能都不相同。若单纯用三面投影图表示，则看不见的部分在投影中都要用虚线表示，这样在图中各种图线易于密集、重合，不仅影响图面清晰，有时也会给读图带来困难。为了清晰、准确地表达形体的六个面，标准规定在三个投影面的基础上，再增加三个投影面组成一个正方形立体。构成正方形的六个投影面称为基本投影面。

把形体放在正立方体中，将形体向六个基本投影面投影，可得到六个基本视图。这六个基本视图的名称是：从前向后投射得到主视图（正立面图），从上到下投射得到俯视图（平面图），从左向右投射得到左视图（左侧立面图），从右向左投射得到右视图（右侧立面图），从下向上投射得到仰视图（底面图），从后向前投射得到后视图（背立面图），如图1-80所示。

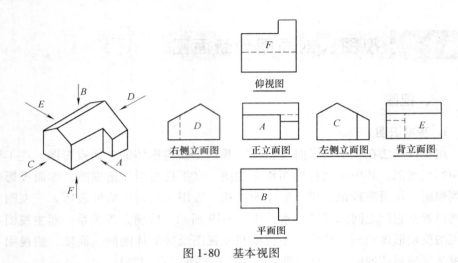

图 1-80 基本视图

六个投影面的展开方法是正投影面保持不动,其他各个投影面逐步展开到与正投影面在同一个平面上。如图 1-81 所示,当六个基本视图按展开后的位置配置时,一律不标注视图的名称。

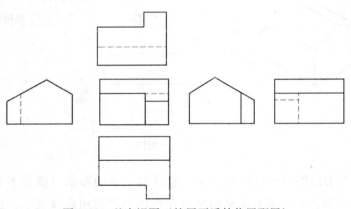

图 1-81 基本视图(按展开后的位置配置)

六面投影图的投影对应关系如下:

1)六视图的度量对应关系,仍保持"三等关系",即主视图、后视图、左视图、右视图高度相等,主视图、后视图、俯视图、仰视图长度相等,左视图、右视图、俯视图、仰视图宽度相等。

2)六视图的方位对应关系,除后视图外,其他视图在远离主视图的一侧,仍表示形体的前面部分。没有特殊情况,一般应优先选用正立面图、平面图和左侧立面图。

2. 向视图

将形体从某一方向投射所得到的视图称为向视图。向视图是可自由配置的视图。根据专业的需要，只允许从以下两种表达方式中选择其一。

1）若六视图不按上述位置配置时，也可用向视图自由配置，即在向视图的上方用大写拉丁字母标注，同时在相应视图的附近用箭头指明投射方向，并标注相同的字母，如图1-82所示。

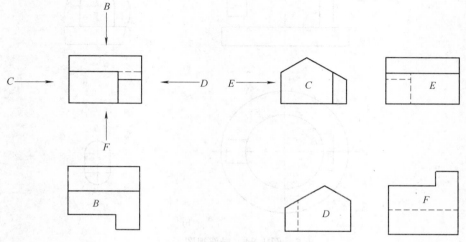

图1-82 基本视图（按向视图配置）

2）在视图下方（或上方）标注图名。标注图名的各视图的位置，应根据需要和可能，按相应的规则布置，如图1-83所示。

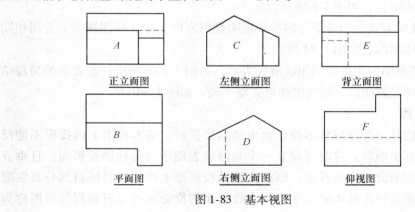

图1-83 基本视图

3. 局部视图

如果形体主要形状已在基本视图上表达清楚，只有某一部分形状尚未表达清楚，这时，可将形体的某一部分向基本投影面投影，得到的视图称为局部视图，如图 1-84 所示。识读局部视图时应注意以下几点：

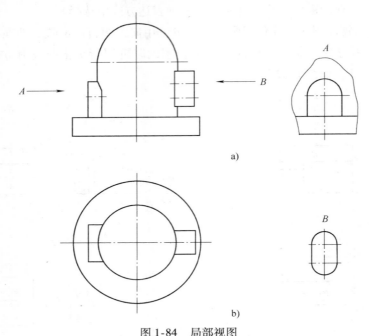

图 1-84   局部视图

a）不完整时的表示方法   b）完整时的表示方法

1）局部视图可按基本视图的配置形式配置，如图 1-84a 所示，也可按向视图的配置形式配置，如图 1-84b 所示。

2）标注的方式是用带字母的箭头指明投射方向，并在局部视图上方用相同字母注明视图名称，如图 1-84 所示。

3）局部视图的周边范围用波浪线表示，如图 1-84a 所示。若表示的局部结构且外形轮廓是封闭的，则波浪线可省略不画，如图 1-84b 所示。

4. 斜视图

当形体的某一部分与基本投影面成倾斜位置时，基本视图上的投影不能反映该部分的真实形状。这时可设立一个与倾斜表面平行的辅助投影面，且垂直于 V 面，并对着此投影面投影，则在该辅助投影面上得到反映倾斜部分真实形状的图形。像这样将形体向不平行基本投影面的投影面投影所得到的视图称为斜视图，如图 1-85 所示。识读斜视图时应注意下列几点：

1）斜视图通常按向视图的配置形式配置并标注。即用大写拉丁字母及箭头指明投射方向，且在斜视图上方用相同字母注明视图的名称，如图 1-85a 所示。

2）斜视图只要求表达倾斜部分的局部形状，其余部分不必画出，可用波浪线表示其断裂边界。

3）必要时，允许将斜视图旋转配置。表示该视图的大写拉丁字母应靠近旋转符号的箭头端，如图1-85b所示。旋转符号的尺寸和比例，如图1-85c所示。

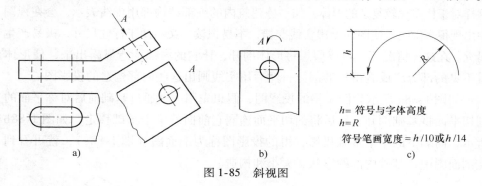

h= 符号与字体高度
h=R
符号笔画宽度=h/10或h/14

a)　　　　　　　　b)　　　　　　　　c)

图1-85　斜视图

5. 镜像视图

在建筑工程中，某些工程改造当用直接正投影法绘制不易表达时，可采用镜像投影法绘制的视图表示，但必须在图名后注写"镜像"二字，如图1-86所示。

镜像视图是在镜面上形成的物体视图，即把镜面放在物体的下面，让镜面代替水平投影面，物体在镜面中反射得到的图像，称为"平面图（镜像）"，但它与直接正投影法绘制的平面图是有区别的。如图1-87所示是用镜像投影法绘制的镜像视图——梁板平面图。

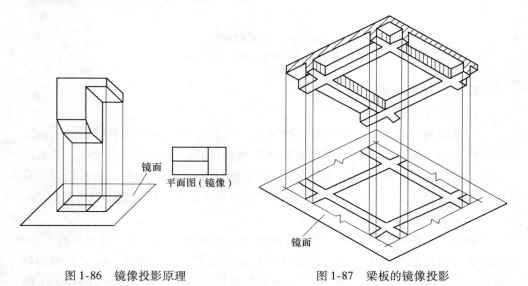

镜面

平面图（镜像）

镜面

图1-86　镜像投影原理　　　　　图1-87　梁板的镜像投影

二、剖面图

1. 剖面图的形成

在绘制形体的视图时，形体上被遮挡的不可见轮廓线在图面上需要用虚线画出，这样对于构造比较复杂的形体，如一栋建筑内的细部结构都用虚线表示，会在视图中出现很多虚线，使图面上虚实线交错，不易识读，又不便于标注尺寸，极易产生错觉。在这种情况下，可以假想将形体剖开，让它的内部构造显露出来，使形体看不见的部分变成看得见的部分，然后用实线画出这些内部构造的投影图。

如图 1-88a 所示为倒 L 梁的投影图，假想先用一个通过基础前后对称平面的剖切平面将基础剖开，然后将剖切平面连同它前面的半个基础移走，如图 1-88b 所示，向剩下的半个基础投影，得的投影图称为剖面图（图 1-88c），就可看到在剖面图中，基础内部的形状、大小和构造。

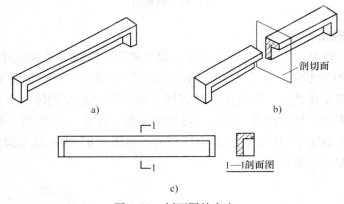

图 1-88　剖面图的产生

a）投影图　b）将基础剖开　c）剖面图

2. 剖面图的画法

（1）确定剖切位置

假设剖切平面垂直于某个基本投影面，则剖切平面在该基本投影面上的视图中积聚成一条直线。该直线表明剖切平面的位置，称为剖切位置线，简称剖切线。剖切线用断开的两段粗实线表示，长度以 6 ~ 10mm 为宜。通常选择在形体内部构造复杂部位，对于对称的形体，则沿形体的对称线或中心线进行剖切。

（2）画剖面

剖面图位置确定后，可假想把物体剖开，画出剖面图。由于剖切是假想的，画其他方向的视图或剖面图仍是完整的。应当注意，画剖面时，除了要画出物体被剖切平面切到的图形外，还要画出被保留的后半部分的投影，如图 1-89b 所示的 1—1 剖面。

在工程图样中，视图主要用于表示物体的外形，剖面主要用于表示物体的内形。当外形比较简单时，有表示内形的剖面，同一方向的视图可以省略。例如，图 1-89b 由于外形比较简单，用剖面的外形轮廓和俯视图足以表示清楚，所以左视图可以省略，为了便于读图和画图，常把剖面放在主视图的位置上。

（3）图线要求

形体被剖切到的断面轮廓线用粗实线绘制，未剖切到的可见轮廓线用中实线绘制。细实线剖面图中，不可见的轮廓线不画。

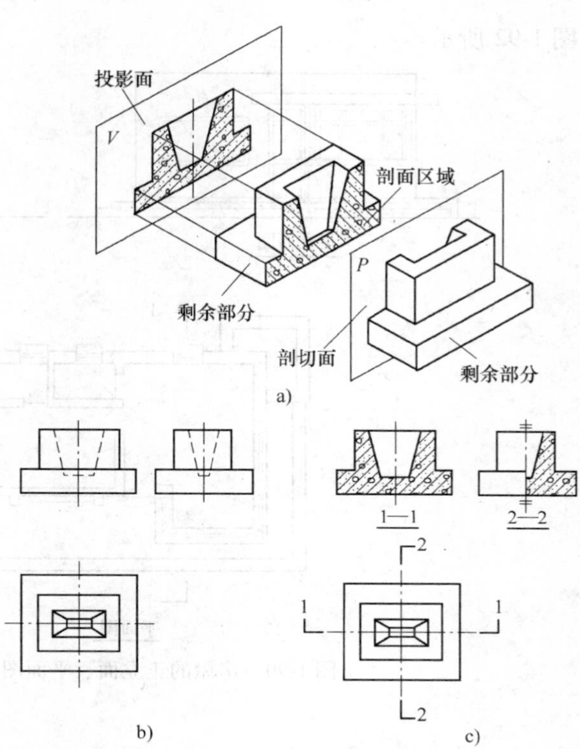

图 1-89　剖面图的形成

（4）材料图例

为了使形体被剖切到的轮廓与未剖切到的轮廓在剖面图中区别开来，使剖面图清晰可辨，凡是被剖切到的形体，在剖面图中均要填充材料符号的图例（见附录二），即使不填充材料图例，也必须按要求填充图例线。图例线用细实线，向右倾斜 45°，等距且方向一致。

绘材料图例注意事项如下：

1）图例线间距均匀。

2）同一材料，品质不同，用文字注记以示区别。

3）相同的图例相接，图例线错开或倾斜方向相反。

4）狭窄的断面涂黑表示。

5）面积过大的断面，其材料图例可沿轮廓局部绘出。

3. 剖面图的种类

（1）全剖面图

1）一个剖切平面剖切形成的全剖面图。沿剖切平面把形体全部剖开后得到的剖面图，称为全剖面图。全剖面图一般用于表达外形不对称的形体，如图 1-90 ~

图 1-92 所示。

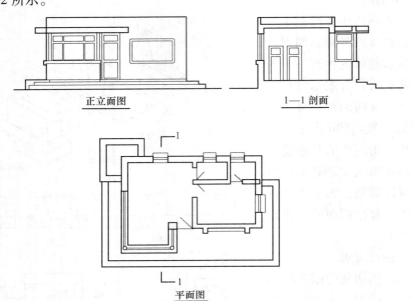

正立面图　　　　　　　　　　　1—1 剖面

平面图

图 1-90　房屋的正立面、平面图和 1—1 剖面图

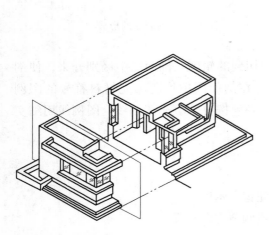

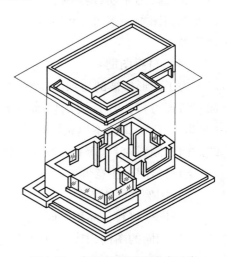

图 1-91　房屋剖面图的形成示意　　　　图 1-92　房屋平面图的形成示意

　　2）两个平行的剖切平面剖切形成的全剖面图。如图 1-93 所示，1—1 剖面即为两个平行的剖切平面剖切形成的全剖面图。

　　3）两个交叉的剖切平面形成的全剖面图。如图 1-94 所示，1—1 剖面即为两个交叉的剖切平面剖切形成的全剖面图。

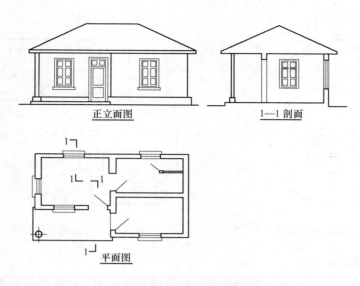

正立面图   1—1 剖面

平面图

图 1-93　房屋剖面图

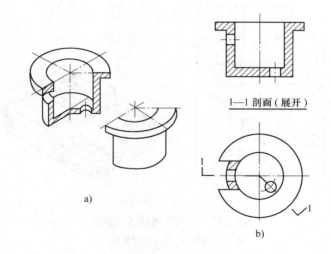

1—1 剖面（展开）

a)

b)

图 1-94　两个交叉的剖切平面剖切示意

a）剖切情况　b）剖面图

（2）半剖面图

用一个剖切平面把形体剖开一半得到的剖面图，称为半剖面图。当形体对称且内部、外部的形状均需要表达时，其投影视图以对称线为界，一半绘成外形视图，一半绘成剖面图，如图 1-95、图 1-96 所示。

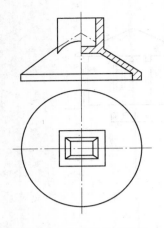

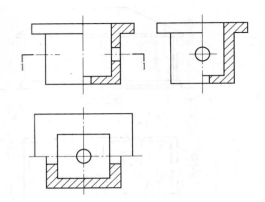

图 1-95　基础的半剖面图　　　　　图 1-96　水盘的半剖面图

（3）局部剖面图

将形体局部剖切后得到的剖面图，称为局部剖面图。剖面图与形体的视图以波浪线断开，波浪线不能超过形体的视图或剖面图的外形轮廓，如图 1-97 所示。

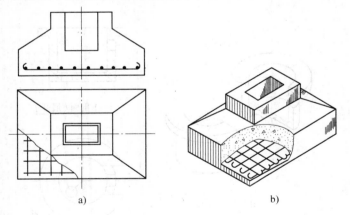

a)　　　　　　　　　　　　b)

图 1-97　杯形基础局部剖面图
a）剖面图　b）剖切情况

（4）斜剖面图

1）当形体上倾斜的部分的内形和外形在基本视图上不能反映其实形时，可以用平行于倾斜部分且垂直于某一基本投影面的剖切面剖切，剖切后再投射到与剖切面平行的辅助投影面上，以表达其内形和外形。这种不用平行于任何基本投影面的剖切面剖开形体所得到的剖面图称为斜剖面图，简称斜剖面，如图 1-98 所示。

2）适用范围：当形体具有倾斜部分，而这部分内形和外形均须表达时，应采用斜剖面图。

3）标注：斜剖面图应标注剖切位置线、剖视方向线和数字编号，并在剖面图下方用相同数字标注剖视图的名称如"1—1""2—2"，如图1-98所示。斜剖面图的位置最好沿着剖视的方向，按投影方向配置。但也可以把它移到其他适当的位置，或者在平移后把它转成水平位置。若将它转成水平位置，则应在剖面图的名称后加上旋转符号。

（5）旋转剖面图

1）用相交的两剖切面剖切形体得到的剖面图称旋转剖面图，简称旋转剖面，如图1-99所示。

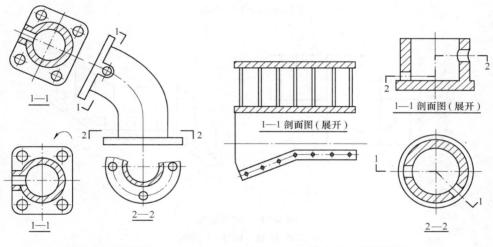

图1-98 斜剖面   图1-99 旋转剖面

2）旋转剖面图的适用范围：当形体的内部结构需要用两个相交的剖切面剖切，才能将其完全表达清楚，且这个形体又有回转轴线时，应采用旋转剖面图，如图1-99所示。

3）旋转剖面图的标注旋转剖面图应标注剖切位置线、剖视方向线和数字编号，并在剖面图下方用相同数字标注剖视图的名称"1—1（展开）"。

4）注意：画旋转剖面图时应注意剖切后的可见部分仍按原有位置投射，如图1-100b所示的小孔。在旋转剖面中，虽然两个剖切平面在转折处是相交的，但规定不能画出其交线。

（6）阶梯剖面图

1）有些形体内部层次较多，其轴线又不在同一平面上，要把这些结构形状都表达出来，需要用几个相互平行的剖切面相切。这种用几个相互平行的剖切面把形体剖切开得到的剖面图称为**阶梯剖面图**，简称阶梯剖面，如图 1-101 所示。

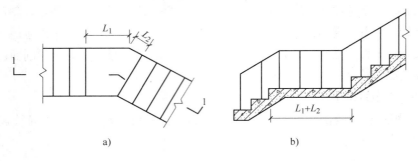

图 1-100　旋转剖面（内部结构剖切）

a）水平投影图　b）1—1 剖面图（展开）

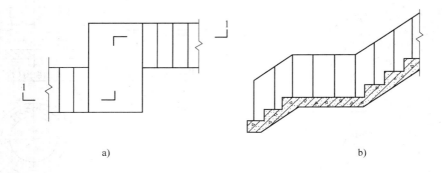

图 1-101　阶梯剖面

a）水平投影图　b）1—1 剖面图

2）注意：①剖切面的转折处不应与图上轮廓线重合，且不要在两个剖切面转折处画粗实线投影，如图 1-101b 所示；②在剖切面图形内不应出现不完整的要素，仅当两个要素在图形上具有公共对称中心线或轴线时，才允许以对称中心线或轴线为界线各画一半，如图 1-102 所示。

3）适用范围：当形体上的孔、槽、空腔等内部结构不在同一平面内而呈多层次时，应采用阶梯剖面图，如图 1-103 所示。

4）标注：阶梯剖面图应标注剖切位置线、剖视方向线和数字或字母编号，并在剖面图下方用相

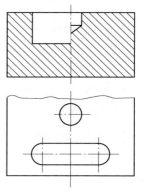

图 1-102　具有公共中心线或轴线时不完整要素画法

同数字或字母标注剖视图的名称，如图 1-103 所示。

（7）复合剖面图

当形体内部结构比较复杂，不能单一用上述剖切方法表示形体时，需要将几种剖切方法结合起来使用。一般情况是把某一种剖视与旋转剖视结合，这种剖面图称为复合剖面图，简称复合剖面，如图 1-104 所示。

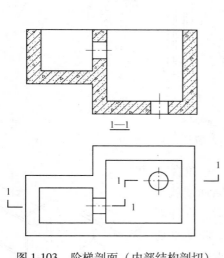

图 1-103　阶梯剖面（内部结构剖切）

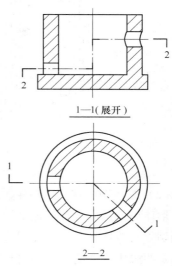

图 1-104　复合剖面

画复合剖面图时，应标注剖切位置线、剖视方向线和数字编号，并在剖面图的下方用相同数字标注剖面图的名称。

三、断面图

1. 断面图的形成

断面图也称截面图。设想用一个剖切平面将形体剖开，切口部分即截交线围成的平面，称为断面（图 1-105a），把它投影到与剖切平面平行的投影面上，则得断面图（图 1-105b）的 1—1 断面图和 2—2 断面图，断面图一般都用较大比例画出。

2. 常见的断面图

（1）断面图画在投影图之外——移出断面图

若把断面图画在投影图之外，其位置便可画在剖切线的延长线上，如图 1-105b 中的 1—1 断面图，也可将断面图布置在图样的某一任意位置，但必须在剖切线处及断面图的下方加注编号及图名，如图 1-105b 中的 2—2 断面图。

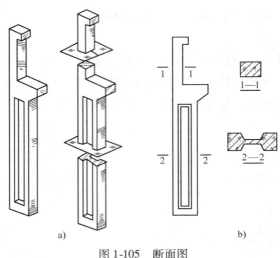

图 1-105   断面图

a）断面   b）断面图

（2）断面图画在投影图轮廓线以内——重合断面图

形体被剖切后，有时把剖切而得的断面图就画在剖切处与投影图重合，如图 1-106 所示。这种断面图是假想用一个剖切平面将形体剖开，将所剖切到的断面向右旋转 90°，使它与投影图重合而得到的。这样的断面图可以不加任何说明，只在断面图的轮廓线之内沿轮廓线的边缘加画剖切线。

（3）断面图画在投影图的断开处——中断断面图

这种画法是假想把形体断裂开，把断面图画在断裂后投影图的空隙中间，其画法如图 1-107 所示。

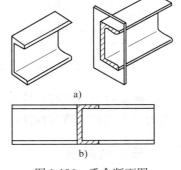

图 1-106   重合断面图

a）断面图   b）投影图

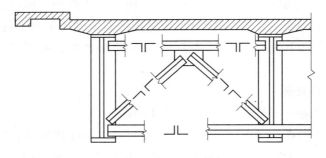

图 1-107   中断断面图

第二章

植物的表现方法

园林图所表现的对象主要是树木花草、山石水景、园路和园林建筑物等，所以掌握这些造园要素的画法是园林绘图的基础，本章将介绍这些内容的画法。

第一节　植物的表现

园林植物是园林设计中应用最多，也是最重要的造园要素，既可单独成景，又是园林其他景观不可缺少的衬托。在园林设计图中，对植物的表现主要包括植物的种类、形状、大小和种植位置，可通过简化、抽象其平面和立面投影将植物特征表现出来。

一、乔木的平面表示方法

1. 针叶树

针叶树常以带有针刺状的树冠来表示，若为常绿的针叶树，则在树冠线内加划平行斜线，如图 2-1 所示。

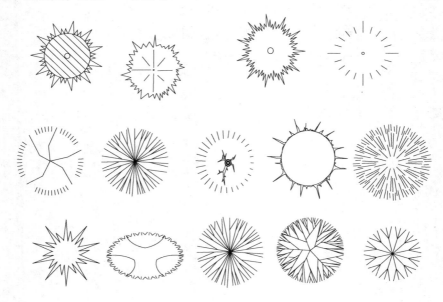

图 2-1　针叶树平面画法

2. 阔叶树

阔叶树的树冠线一般为圆弧线或波浪线，且常绿的阔叶树多表现为浓密的叶子，或在树冠内加画平行斜线，落叶的阔叶树多用枯枝表现，如图 2-2 所示。

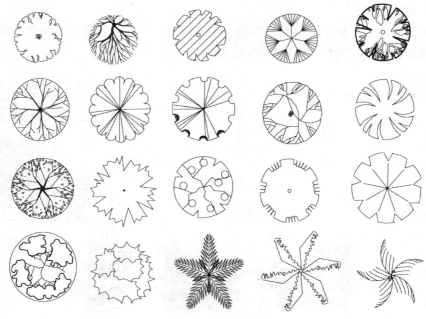

图 2-2 阔叶树平面画法

二、灌木和地被植物的平面表示方法

1. 灌木

园林中的花灌木成片种植较多，所以常用花灌木冠幅外缘连线来表示，如图 2-3 所示。

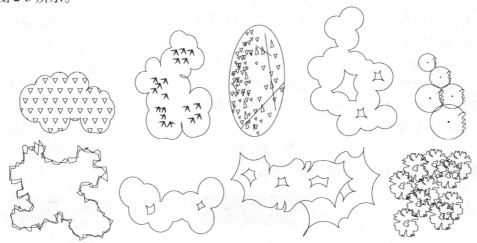

图 2-3 灌木的平面表示法

2. 地被植物

地被植物宜采用轮廓勾勒和质感表现的形式，以地被栽植的范围线为依据，用不规则的细线勾勒出地被植物的范围轮廓，如图2-4所示。

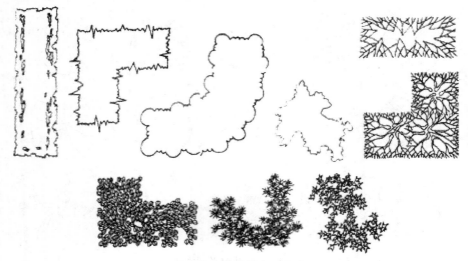

图 2-4　地被植物表示方法

三、草坪和草地的平面表示方法

草坪和草地的表示方法很多，主要有：打点法、小短线法、线段排列法等。

1. 打点法

打点法是一种较简单的表示方法。用打点法画草坪时，打的点大小应基本一致，点要打得相对均匀，如图2-5所示。

图 2-5　打点法绘制草坪

2. 小短线法

将小短线排列成行，每行间距相当，可用来表示草坪，排列不规整的可用来表示草地或管理粗放的草坪，如图2-6所示。

3. 线段排列法

线段排列整齐，行间有断断续续的重叠，可少许留些空白或行间留白，如图2-7所示，另外也可用斜线排列表示草坪。

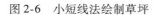

图 2-6　小短线法绘制草坪　　　　图 2-7　线段排列法绘制草坪

第二节 植物的立面画法

自然界中的树木种类繁多、各具特色，在透视图或立面图中表现树木的原则是：省略细部，高度概括，画出树形，夸大枝叶，各种树木的枝、干、冠的构成以及分枝习性决定了各自的形态特征。

一、树的立面画法

1. 树干的绘制

研究树木枝干结构的特征，是熟练画图的前提。画树干时，要注意粗度和长度的比例关系，注意树干大趋势是笔直的，有些树的主干明显，在细部增加折线变化即可，如图 2-8 所示。

2. 分枝的绘制

画分枝时，一般主要的树杈画两三枝即可，树枝沿主干交替出杈，树杈的顶端形成大致的扇形形状，如图 2-9 所示。

图 2-8　树干的画法

3. 树冠的绘制

画树冠底部时，用有节奏的线条把画好的枝杈自然地连接起来；用线条勾勒整个树冠轮廓线，注意上窄下宽的形态特征以及线条的起伏节奏变化，一定要画出树枝的内外前后的空间层次，树木才有立体感，如图 2-10 所示。

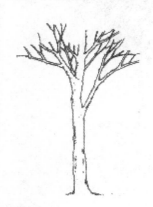

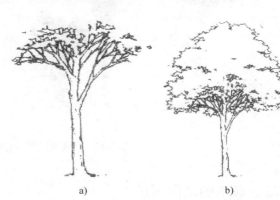

a)　　　　　　　　　　　　b)

图 2-9　分枝的绘制

图 2-10　树冠的绘制
a) 树冠底部　b) 树冠轮廓

二、树形的立面画法

由于枝干结构不同，每种树木都形成了自己特有的树冠形状。我们可以把树冠外形概括为几种几何形体，如圆锥形、球形、半球形、卵形、尖塔形、伞形、人工修剪造型等。有时，一个大球体内还可以概括成几个小的球体，一个圆锥体内也可以概括成几个三角形。如图2-11所示是几种常见树木的树形。

图2-11　树形的立面画法

三、灌木的立面画法

花灌木一般体型较小，常用线描法画出轮廓后在轮廓线内用点、圈、三角、曲线来表示花叶，如图2-12所示。

图 2-12　灌木的立面画法

四、绿篱的立面画法

绿篱应根据不同植物的叶形，分别用直线、曲线和点来勾绘出长方体几个不同受光面的明暗关系，如图 2-13 所示。

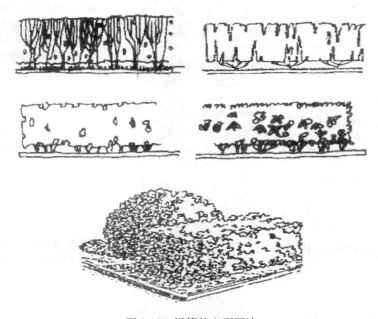

图 2-13　绿篱的立面画法

第三节 植物图例

一、植物平面图例

本节主要介绍最常用的，最基本的乔木、灌木、绿篱、竹类、花卉、草皮及其特种植物的平面图例，见表2-1。

表2-1 园林植物图例

序号	名 称	图 例	说 明
1	常绿针叶乔木		落叶乔、灌木均不填斜线
2	落叶针叶乔木		常绿乔、灌木加画45°细斜线 阔叶树的外围线用弧裂形或圆形线 针叶树的外围线用锯齿形或斜刺形线
3	常绿阔叶乔木		乔木外形成圆形 灌木外形成不规则形，乔木图例中粗线小
4	落叶阔叶乔木		圆表示现有乔木，细线小十字表示设计乔木
5	常绿阔叶灌木		灌木图例中黑点表示种植位置 凡大片树林可省略图例中的小圆、小十字及黑点
6	落叶阔叶灌木		—
7	落叶阔叶乔木林		
8	常绿阔叶乔木林		常绿林或落叶林根据图面表现的需要加或不加45°细斜线
9	常绿针叶乔木林		

（续）

序号	名　　称	图　　例	说　　明
10	落叶针叶乔木林		常绿林或落叶林根据图面表现的需要加或不加45°细斜线
11	针阔混交林		
12	落叶灌木林		
13	自然形绿篱		—
14	整形绿篱		—
15	镶边植物		—
16	一二年生草本花卉		—
17	多年生及宿根草本花卉		—
18	一般草皮		—
19	缀花草皮		—

（续）

序号	名 称	图 例	说 明
20	整形树木	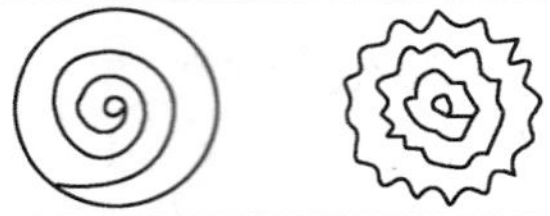	—
21	竹丛	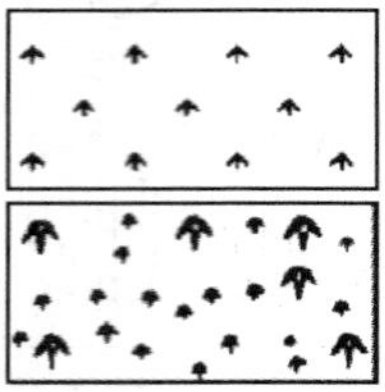	—
22	棕榈植物		—
23	仙人掌植物		—
24	藤本植物		—
25	水生植物	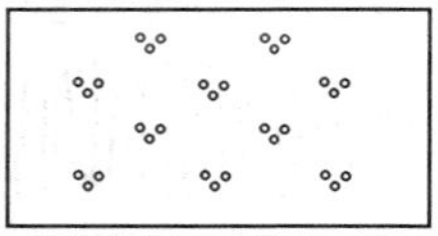	—

二、树木形态图例

1. 枝干形态

枝干形态指由树干及树枝构成的树木形态特征，有主轴干侧分枝形，大多数为针叶树；主轴干无分枝形，棕榈类植物；无主轴干多枝形，多数阔叶树；无主轴干垂枝形，垂柳、龙爪槐；无主轴干丛生形，多数灌木；无主轴干匍匐形，地柏、火棘、迎春等。枝干形态图示见表2-2。

表2-2　枝干形态图示

序 号	名 称	图 例
1	主轴干侧分枝形	

（续）

序　号	名　　称	图　例
2	主轴干无分枝形	
3	无主轴干多枝形	
4	无主轴干垂枝形	
5	无主轴干丛生形	
6	无主轴干匍匐形	

2. 树冠形态

树冠形态指由枝叶与干的一部分所构成的树木外形特征。常见的有圆锥形、椭圆形、圆形、垂枝形、伞形和匍匐形。树冠轮廓线凡针叶树用锯齿形表示，凡阔叶树用弧裂形表示。树冠形态见表2-3。

表 2-3　树冠形态

序　号	名　　称	图　例
1	圆锥形	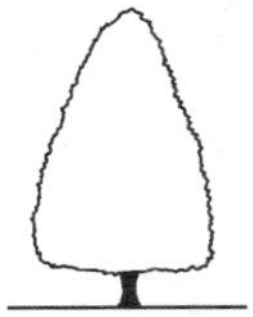
2	椭圆形	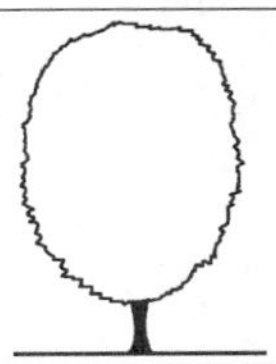

（续）

序　号	名　称	图　例
3	圆球形	
4	垂枝型	
5	伞形	
6	匍匐形	

第三章

山石、水体的表现方法

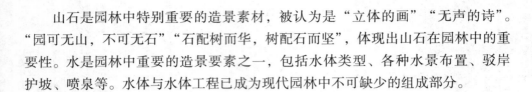

　　山石是园林中特别重要的造景素材，被认为是"立体的画""无声的诗"。"园可无山，不可无石""石配树而华，树配石而坚"，体现出山石在园林中的重要性。水是园林中重要的造景要素之一，包括水体类型、各种水景布置、驳岸护坡、喷泉等。水体与水体工程已成为现代园林中不可缺少的组成部分。

第一节　山石的表现方法

　　本节主要讲述山石和石块的表现手法及画法，在园林制图中，需要依据施工总平面图和竖向设计图，绘制出山石的图形，并且标明材料和施工手法。

　　假山和置石中常用的石材有湖石、黄石、青石、石笋、卵石等。由于山石材料的质地、纹理等不同，其表现方法也不同。

　　画湖石时多用曲线表现其外形的自然曲折，并刻画其内部纹理的起伏变化及洞穴。

　　画黄石时多用直线和折线表现其外轮廓，内部纹理应以平直为主。

　　画青石时多用直线和折线表现。

　　画石笋时应以表现其垂直纹理为主，可用直线，也可用曲线。

　　画卵石时多以曲线表现其外形轮廓，在其内部用少量曲线稍加修饰即可。

　　如图 3-1 所示为山石的平面画法，图 3-2 为山石的立面画法。

图 3-1　山石的平面画法

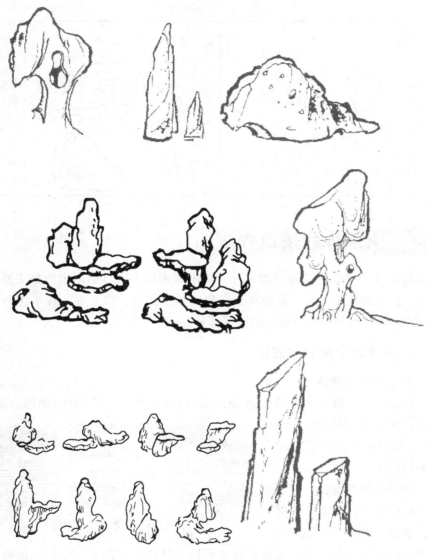

图 3-2　山石的立面画法

第二节　山石的图例

　　山石一般由人工采用特置、孤置、对置、群置、散置等方式进行堆砌而成。山石图例见表 3-1。

表 3-1   山石图例

序号	名 称	图 例	说 明	序号	名 称	图 例	说 明
1	自然山石假山		—	3	土石假山		包括"土包山""石包土"及土假山
2	人工塑石假山		—	4	独立景石		—

第三节   水体的表现方法

水是园林中重要的造景要素之一，掇山理水是中国自然山水园最主要的造园手法。它包括水体类型、各种水景布置、驳岸护坡、喷泉等。各水体与水体工程已成为现代园林中不可缺少的组成部分。

一、水体的平面表示方法

1. 静态水体的画法

静水面是指宁静或有微波的水面，能反映出倒影，如宁静时的海、湖泊、池潭等。静水面多用平行排列的直线、曲线或小波纹线表示，如图3-3所示。

2. 动态水体的画法

动态水体是指溪流、河流、跌水、叠泉、瀑布等，流水在

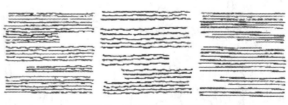

图 3-3   静态水体的画法

速度或落差不同时产生的视觉效果各不相同。其画法多用大波纹线，鱼鳞纹线等活泼动态的线型表现，如图3-4所示。

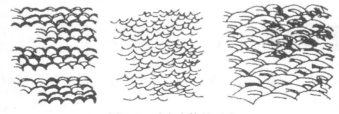

图 3-4   动态水体的画法

二、水体的立面表示方法

在立面上，水体可采用留白法、光影法、线条法等表示。

1. 留白法

留白法就是将水体的背景或配景画暗，从而衬托出水体造型的表现手法。留白法常用于表现所处环境复杂的水体，且能表现出水体的洁白与光亮，如图3-5所示。

图3-5 水体的留白法表示

2. 光影法

用线条和色块（黑色和深蓝色）综合表现出水体的轮廓和阴影的方法叫水体的光影法表现，如图3-6所示。

图3-6 水体的光影法表示

3. 线条法

线条法是用细实线或虚线勾画出水体造型的一种水体立面表示法。线条法在工程设计图中使用得最多。用线条法作图时应注意：

1）线条方向与水体流动的方向保持一致。

2）水体造型清晰，但要避免外轮廓线过于生硬呆板，如图3-7所示。

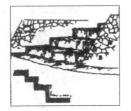

图3-7   水体的线条法表示

三、水体图例

一般的水体都有代表的图例。几种简单水体的图例见表3-2。

表3-2   水体图例

序　号	名　　称	图　　例	说　　明
1	自然形水体		—
2	规划形水体		—
3	跌水、瀑布		—
4	旱涧		—
5	溪涧		—

第四章

人物及其他素材的表现

人物、小品及设施是园林中必不可少的素材。在园林效果图中，人物通常只是起到烘托场景，加强景观气氛的作用。在表现的过程中，可以采用概括、抽象的建议线条来塑造人物，这种方法可以更好地点缀景观空间，简单易画，不至于喧宾夺主。绘制小品及设施时只需绘制出大体的外轮廓即可。

第一节 人物的表现方法

人体是很难把握的，专职的人物画家往往需要花费毕生的精力来研究人体。但在园林表现图中，配景人物的最主要作用在于表达园林的尺度和场地的环境气氛，因此在园林图中，重要的是抓住人体的动势以及人群的聚散。

配景人物最常见的形态是站立和行走。基本坐姿的人物画法有正面、侧面和背面三种，如图4-1所示。画运动时的人物，需要借助辅助线把握人物动态基本形，也就是把握住大行体、大特征和动态线。着衣人物的实线与虚线的处理

图4-1 坐姿人物画法

伴随着人的动作，衣物有贴身和不贴身之分。行走姿态人物的画法是在站姿人物画法的基础上调整一下手和腿的动态即可。人物的运动重点是动态的关键，运动中的人物是处在一种动态平衡之中，如图 4-2 所示。

图 4-2 行走和站立姿态人物的画法

第二节 其他素材的表现

一、交通工具的表现

某些交通工具的表现，如图 4-3 所示。

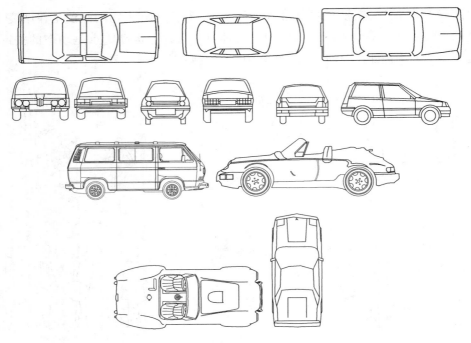

图 4-3　某些交通工具的表现

二、园林小品的表现

园林小品是园林中供休息、装饰、照明、展示和为园林管理及方便游人使用的小型建筑设施。一般没有内部空间，体量小巧，造型别致。园林小品既能美化环境，丰富园趣，为游人提供文化休息和公共活动的方便，又能使游人从中获得美的感受和良好的效益。

（1）出入口大门形式

园林出入口常有主要、次要及专用三种。主要入口即大门、正门，是多数游人出入的地方，门内外应留有足够的缓冲场地，以便于集散人流。大门的形式和入口绘制示例分别如图 4-4 和图 4-5 所示。

入口应反映建筑的性质和特色；入口必须与环境相协调；大门的形式多样，有盖顶或无盖顶，古典或现代，甚至两根柱也可成为大门；有消防要求的入口须能够通过消防车；运用地方特色和建筑符号，大门可以表达很多内涵和意义。

（2）景窗的立面形式与绘制示例

景窗的立面形式与绘制示例分别如图 4-6 和图 4-7 所示。

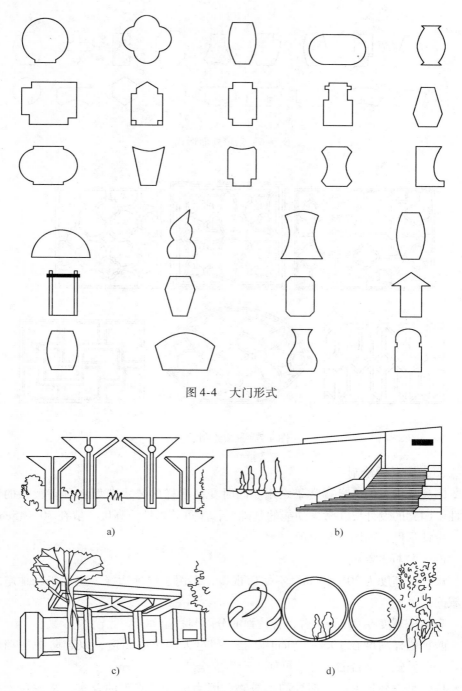

图4-4　大门形式

图4-5　入口绘制示例

a) 度假村大门　b) 纪念馆大门　c) 会议中心入口　d) 动物园大门

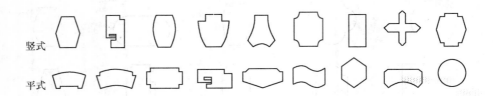

竖式

平式

图 4-6　景窗立面形式

图 4-7　景窗绘制示例

（3）园凳的绘制

园凳是供人们坐息、赏景之用。同时变换多样的艺术造型也具有很强的装饰性。园凳的设计要在考虑功能的基础上，注重艺术性。高度一般在 30～45cm。园凳设计示例，如图 4-8 所示。

（4）栏杆的绘制

矮栏杆高度为 30～40cm，不妨碍视线，多用于绿地边缘，也用于场地空间领域的划分。

高栏杆高度在 90cm 左右，有较强的分隔与拦阻作用。

防护栏杆高度在 100～120cm 以上，超过人的重心高度，以起防护围挡作用。一般设置在高台的边缘，可使人产生安全感。

栏杆是一种长形的、连续的构筑物，因为设计和施工的要求，常按单元来划分制作，如图 4-9 所示。

图 4-8 园凳设计示例

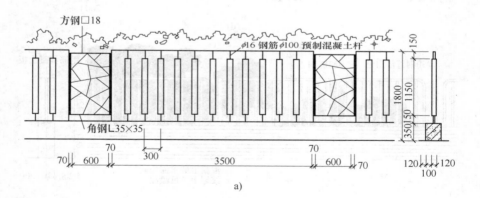

a)

图 4-9 栏杆示例

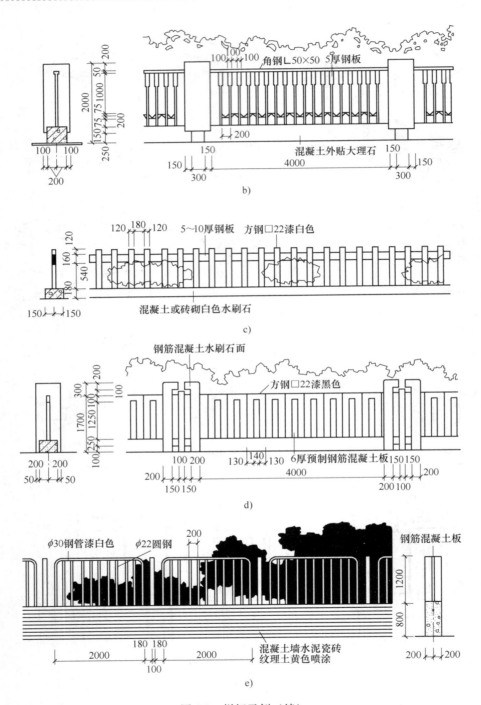

图4-9　栏杆示例（续）

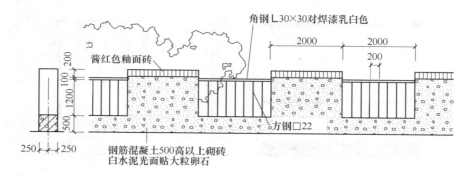

f)

图 4-9　栏杆示例（续）

（5）围（景）墙的绘制

竹木围墙竹篱笆是过去最常见的围墙。

砖墙墙柱间距 3～4m，中开各式漏花窗，是节约又易施工、易管养的办法。缺点是较为闭塞。

混凝土围墙以预制花格砖砌墙，花型富有变化但易爬越。混凝土预制成片状，可透绿也易管养。混凝土围墙的优点是一劳永逸，缺点是不够通透。

金属围墙以型钢为材，断面有几种，表面光洁。以铸铁为材，可做各种花型，优点是不易锈蚀又价不高，缺点是性脆且光滑度不够。以型钢为材，断面有几种，表面光洁，性韧易弯不易折断，缺点是每 2～3 年要油漆一次。锻铁、铸铝材料质优而价高，局部花饰中或室内使用。各种金属网材，如镀锌、镀塑铝丝网、铝板网、不锈钢网等。现在往往把几种材料结合起来，取其长而补其短。

通过上述的描述可大体绘制围墙实例，如图 4-10 所示。

a)

图 4-10　围墙绘制示例

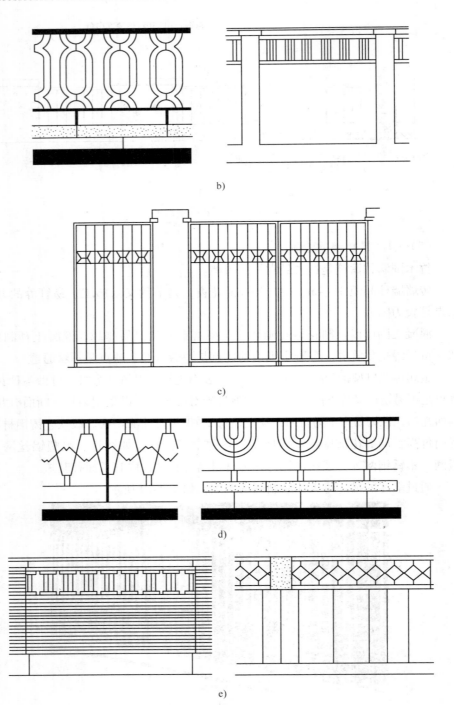

图 4-10　围墙绘制示例（续）

（6）装饰性小品的绘制

装饰性小品如各种固定的和可移动的花坛雕塑（图4-11）、花坛（图4-12）、花池（图4-13），可以经常更换花卉。照明的小品如园灯的基座、灯柱、灯头、灯具都有很强的装饰作用，如图4-14所示。

a)　　　　　　　　　　　　　　　　b)

图 4-11　花坛雕塑的表现

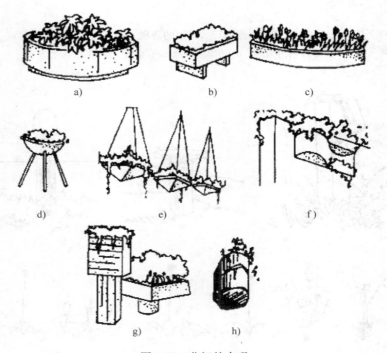

a)　　　　　　　b)　　　　　　　c)

d)　　　　　　　e)　　　　　　　f)

g)　　　　　　　h)

图 4-12　花坛的表现

a）立式　b）架式　c）铺式　d）支式　e）吊式　f）镶式　g）顶式　h）持式

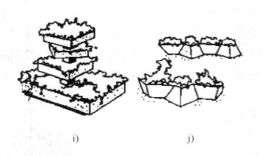

i)　　　　　　　　　　　j)

图 4-12　花坛的表现（续）

i）叠式　j）拼式

a)　　　　　　b)　　　　　　c)　　　　　　d)

图 4-13　花池的表现

a）水中花池　b）仿木桩花池　c）盆池　d）花台

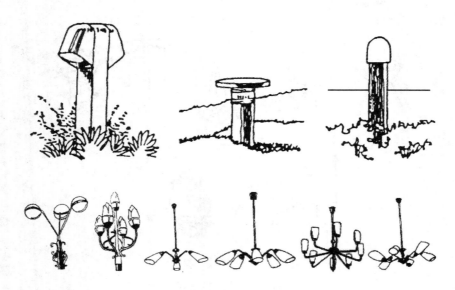

图 4-14　园灯的表现

园林小品设施图例主要包括：喷泉、雕塑、花台、座凳、花架、围墙、栏杆、园灯等，见表4-1。

表 4-1 园林小品设施图例

序号	名　称	图　例	说　明
1	喷泉		
2	雕塑		
3	花台		仅表示位置，不表示具体形态，以下也可依据设计形态表示
4	座凳		
5	花架		
6	围墙		上图为实砌或漏空围墙 下图为栅栏或篱笆围墙
7	栏杆		上图为非金属栏杆 下图为金属栏杆

（续）

序 号	名 称	图 例	说 明
8	园灯		—
9	饮水台		—
10	指示牌		—

第五章

园林总平面图的绘制与识读

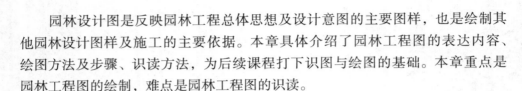

园林设计图是反映园林工程总体思想及设计意图的主要图样，也是绘制其他园林设计图样及施工的主要依据。本章具体介绍了园林工程图的表达内容、绘图方法及步骤、识读方法，为后续课程打下识图与绘图的基础。本章重点是园林工程图的绘制，难点是园林工程图的识读。

第一节　园林总平面图的绘制

园林设计总平面图主要表明用地区域范围内的总体设计内容，是表明工程布局的图样，如图 5-1 所示。

一、园林总平面图的主要内容

1）建筑平面图上已建和拟建的地上和地下一切建筑物，构筑物和管线的位置或尺寸。

2）测量放线标桩、地形等高线和取舍土地点。

3）移动式起重机的开行路线及垂直运输设施的位置。

4）材料、加工半成品、构件和机具的堆场。

5）生产、生活用临时设施。如搅拌站、高压泵站、钢筋棚、木工棚、仓库、办公室、供水管、供电线路、消防设施、安全设施、道路及其他需搭建或建造的设施。

6）现场试验室。

二、绘制步骤

园林总平面图的绘制分为以下几步：

（1）选择合适的比例，进行合理布局

由于总平面图的区域较大，一般采用较小比例，如 1∶300、1∶500、1∶1000，图中尺寸数字单位为"m"，比例尺常用线段比例尺表示。了解园林总平面图中图例表达符号，熟悉图名、比例、图例及有关文字说明的标准范例。总平面图一般采用较小比例绘制，尺寸标注以"m"为单位，图中许多内容是通过图例来表达的。

（2）确定图幅，布置画面

确定比例后，就可根据图形的大小确定图纸幅面，并进行画面布置。在进行布置时，图纸应按上北下南方向绘制，根据场地形状或布局可向左或向右偏转，但不宜超过 45°。同时也要考虑图形、尺寸、图例、符号、文字说明等内容

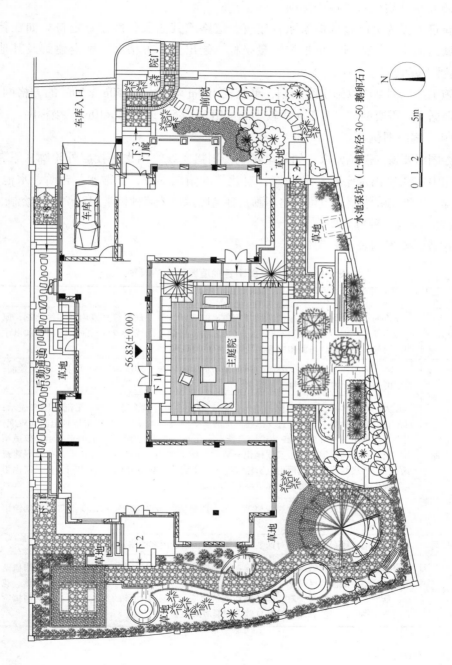

图 5-1 总平面图

所占用的图纸空间，使图面布局合理，保持图面均衡。

（3）标注定位尺寸或坐标网

新建工程的定位通常根据原有建筑、道路或其他永久性建筑定位。如在新建区域内无参照标志时，可根据测量坐标，绘出坐标方格网，确定建筑及其他构筑物的位置。

施工坐标网格应以细实线绘制，可画成 100m×100m 或 50m×50m 的方格网，也可根据实际需要调整，对于面积较小的可用 5m×5m 或 10m×10m 的坐标网。

（4）编制图例表

绘图时要遵守图例要求，如新建建筑物用粗实线绘出水平投影外轮廓，原有建筑用中实线绘出水平投影外轮廓，对建筑的附属部分，如散水、台阶、水池、景墙等，用细实线绘制，也可忽略不画，种植图例可依照种植常用图例符号绘制。

（5）绘制各种造园要素

各造园要素的表现见表 5-1。

表 5-1　园林总平面图各种造园要素的表现

项　目	内　容
地形	地形的高低变化及其分布情况通常用等高线表示。设计地形等高线用细实线绘制，原有地形等高线用细虚线绘制。同时，也可采用不同颜色的线条表示，并在图例中加以注明。另外，园林设计平面图中等高线可以不注写高程
水体	水体一般用两条线表示，外面的一条表示水体边界线（即驳岸线），用特粗实线绘制；里面的一条表示水面，用细实线绘制
建筑和园林小品	在大比例图样中，对有门窗的建筑，可采用通过窗台以上部位的水平剖面图来表示；对没有门窗的建筑，采用通过支撑柱部位的水平剖面图来表示。用粗实线画出断面轮廓，用中实线画出其他可见轮廓，如图 5-2 所示。此外，也可采用屋顶平面图来表示，仅适用于坡屋顶和曲面屋顶，用粗实线画出外轮廓，用细实线画出屋面；对花坛、花架等建筑小品，用细实线或中实线画出投影轮廓线。在小比例图样中（1∶1000 以上），只需用粗实线画出水平投影外轮廓线，建筑小品可不画
山石	山石均采用其水平投影轮廓线概括表示，以粗实线绘出边缘轮廓，以细实线概括绘出皴纹
道路广场	道路用细实线画出路缘，对铺装路面也可以按设计图案简略示出
植物种植	园林植物由于种类繁多、姿态各异，平面图中无法详尽地表达，一般采用图例作概括地表示，所绘图例应区分出针叶树、阔叶树、常绿树、落叶树、乔木、灌木、绿篱、花卉、草坪、水生植物等，对常绿植物在图例中应画出间距相等的细斜线表示。绘制植物平面图图例时，要注意曲线过渡自然，图形应形象、概括

（6）标注标高

平面图上的坐标、标高均以 "m" 为单位，小数点后保留三位有效数字，不足的以"0"补齐。

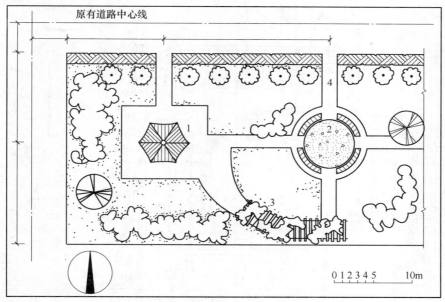

图 5-2　某规则式游园设计平面图
1—六角亭　2—花坛　3—花架　4—道路

施工图中标注的标高为绝对标高，如标注相对标高，则应注明相对标高与绝对标高的关系。

（7）绘制指北针或风玫瑰图等符号，注写比例尺，填写标题栏

总平面图上通常有指北针或风向频率玫瑰图，以指明该地区的常年风向频率和建筑物的朝向。风向频率玫瑰图一般以 N 方位线及其不同的长短轴表示当地常年的风向频率，如图 5-3 所示。

（8）绘制施工放线图

对于面积较大的施工区域，除了绘制施工总平

图 5-3　风玫瑰示意图

面图之外，还要绘制分区施工放线图和局部放线图。总平面图施工放线图如图 5-4所示。

（9）编写设计说明和检查底稿

设计说明是用文字的形式进一步表达设计思想，如工程的总体规划、布局的说明；景区的方位、朝向、占地范围、地形、地貌、周围环境等的说明；关于标高和定位的说明；图例补充说明等。检查底稿，加深图线并完成全图。

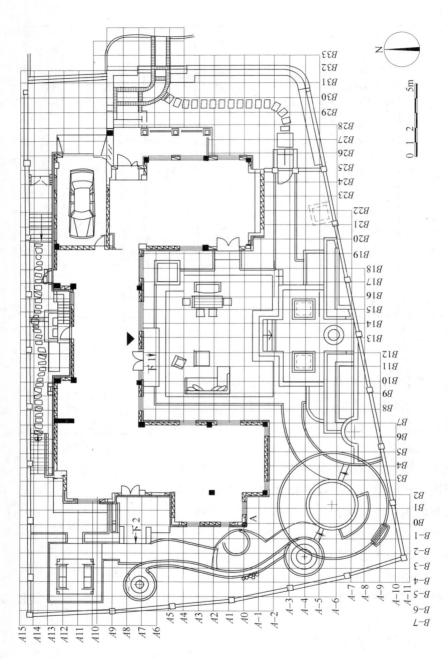

图 5-4　总平面图放线图

第二节 园林总平面图的识读

园林总平面图是设计范围内所有造园要素的水平投影图，能表现在设计范围内的所有内容，包含的内容是最全面的，主要有园林建筑及小品、道路、广场、植物种植等各种造园要素。

园林设计总平面图表达的主要内容：

（1）图例表

图例表说明图中一些自定义的图例对应的含义。

（2）标题

标题通常采用美术字，起到了标示、说明设计项目及设计图样的名称作用，具有一定的装饰效果，以增强图面的观赏效果。标题应该注意与图样总体风格相协调。

（3）周边环境

在环境图中标注出设计地段的位置、所处的环境、周边的用地情况、交通道路情况、景观条件等。

（4）设计红线

标明设计用地的范围，用红色粗双点画线标出，即规划红线范围。

（5）造园要素

标明景区景点的设置、景区出入口的位置，园林植物、建筑和园林小品、水体水面、道路广场、山石等造园要素的种类和位置以及地下设施外轮廓线，对原有地形、地貌等自然状况的改造和新的规划设计标高、高程以及城市坐标。

（6）尺寸标注

以某一原有景物为参照物，标注新设计的主要景物和该参照物之间的相对距离。它一般适用于设计范围较小、内容相对较少的小项目的设计，如图5-5所示。

（7）坐标网标注

坐标网以直角坐标的形式进行定位，分为建筑坐标网和测量坐标网。建筑坐标网是以某一点为"零"点，并以水平方向为 B 轴，垂直方向为 A 轴，按一定距离绘制出方格网，是园林设计图常用的定位形式。测量坐标网是根据测量基准点的坐标来确定方格网的坐标，并以水平方向为 Y 轴，垂直方向为 X 轴，按一定距离绘制出方格网。坐标网均用细实线绘制，常用（2m×2m）～（10m×10m）的网格绘制，如图5-6所示。

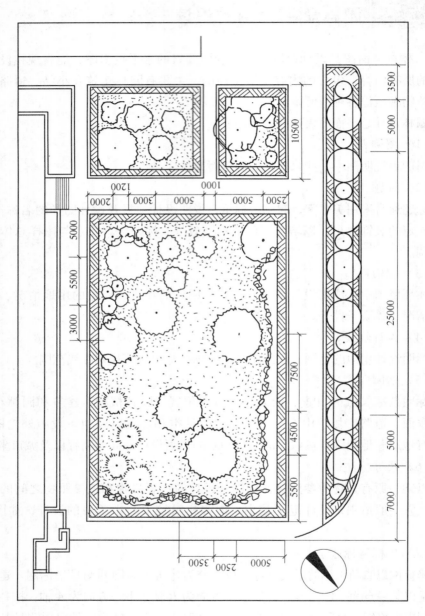

图 5-5　园林设计总平面图

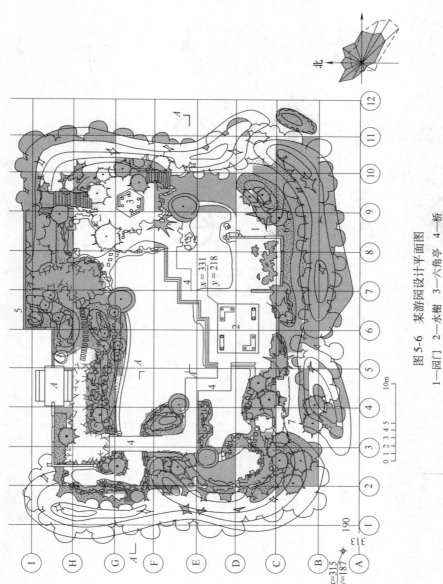

图5-6 某游园设计平面图

1—园门 2—水榭 3—六角亭 4—桥

5—景墙 6—壁泉 7—石洞

（8）绘制比例尺、指北针、设计说明

指北针如图 5-7 所示。

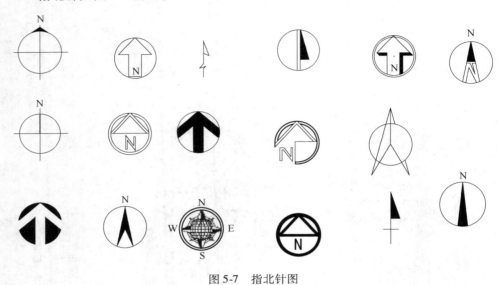

图 5-7　指北针图

第六章

植物配置图的绘制与识读

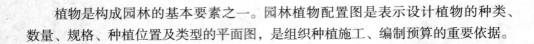

植物是构成园林的基本要素之一。园林植物配置图是表示设计植物的种类、数量、规格、种植位置及类型的平面图，是组织种植施工、编制预算的重要依据。

第一节　园林植物配置图的内容与用途

园林植物配置图又称园林植物种植设计图，是用相应的平面图例在图样上表示设计植物的种类、数量、规格、种植位置，根据图样比例和植物种类的多少在图例内用阿拉伯数字对植物进行编号，或直接用文字予以说明，具体包含的内容有：

（1）苗木表

通常在图面的适当位置用列表的方式绘制苗木统计表，具体统计并详细说明设计植物的编号、图例、种类、规格（包括树干直径、高度或冠幅）和数量等。

（2）施工说明

对植物选苗、栽植和养护过程中需要注意的问题进行说明。

（3）植物种植位置

通过不同图例区分植物种类。

（4）植物种植点的定位尺寸

种植位置用坐标网格进行控制，如自然式种植设计图，如图6-1所示。或可直接在图样上用具体尺寸标出株间距、行间距以及端点植物与参照物之间的距离，如规则式种植设计图，如图6-2所示。某些有着特殊要求的植物景观还需给出这一景观的施工放样图和剖面图、断面图。

第二节　园林植物配置图的绘制方法

园林总平面图的绘制分为以下几步：

1）选择合适的比例，进行合理布局。首先选择绘图比例，确定图幅，画出坐标网格，确定定位轴线。园林植物配置图的比例不宜过小，一般不小于1：500。确定好比例后进行合理的布局。

2）确定图幅，布置画面，标注定位尺寸或坐标网。确定定位轴线，或绘制直角坐标网，进行画面的布置。根据图形的大小确定图样幅面，并进行画面布置。在进行布置时，图样应按上北下南方向绘制，根据场地形状或布局可向左或向右偏转，但不宜超过45°。

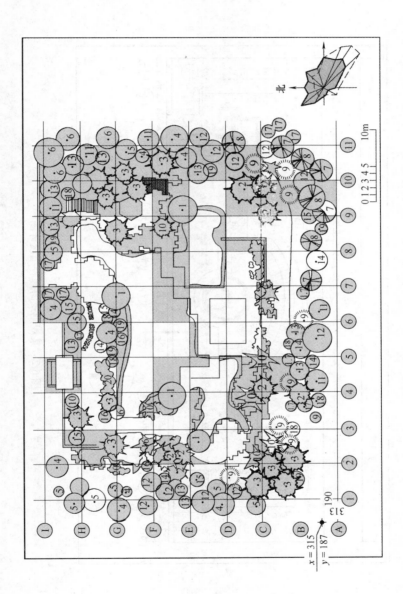

图 6-1　某自然式游园种植设计图

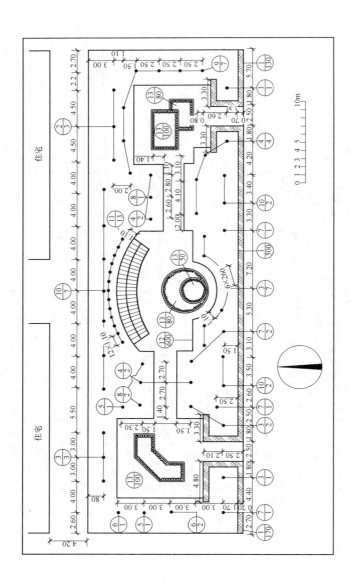

图 6-2 某规则式游园种植设计图

3）造园要素的绘制。以园林设计总平面图为依据，绘制出建筑、水体、道路、广场、石等造园要素的水平投影图，以确定植物的种植位置。绘制时，一般建筑和山石均用粗实线绘制出外轮廓线，道路广场用细实线绘制，水体驳岸用粗实线绘制，地下管线和地下构筑物用虚线绘制。

4）编制苗木统计表。在图中适当位置，列表说明所设计的植物编号、树种名称、拉丁文名称、单位、数量、规格、出圃年龄等。如表 6-1 为图 6-1 所附苗木统计表，表 6-2 为图 6-2 所附苗木统计表。

表6-1　苗木统计表（一）

编号	树种		单位	数量	规格		出圃年龄	备注
	中文名	拉丁名			干径/cm	高度/m		
1	垂柳	Salix babylonica	株	4	5		3	
2	白皮松	Pinus bungeana	株	8	8		8	
3	油松	Pinus tabulaeformis	株	14	8		8	
4	五角枫	Acer nono	株	9	4		4	
5	黄栌	Cotinus coggygria	株	9	4		4	
6	悬铃木	Platanus orienfalis	株	4	4		4	
7	红皮云杉	P. koraiensis	株	4	8		8	
8	冷杉	Abies hclophylla	株	4	10		10	
9	紫杉	Taxus cuspidata	株	8	6		6	
10	爬地柏	S. procumbens	株	100		1	22	每丛10株
11	卫矛	Euonymus alatus	株	5		1	4	
12	银杏	Ginkgo biloba	株	11	5		5	
13	紫丁香	Syringa obtata	株	100		1	3	每丛10株
14	暴马丁香	Syringa reticulata var. mandshurica	株	60		1	3	每丛10株
15	黄刺玫	Rosa xanthina	株	56		1	3	每丛8株
16	连翘	Forsythia suspensa	株	35		1	3	每丛7株
17	黄杨	Buxus sinica	株	11	3		3	
18	水腊	L. obtusifolium	株	7		1	3	
19	珍珠花	Spiraea thunbergii	株	84		1	3	每丛12株
20	五叶地锦	Parthemocissus quinquefolia	株	122		3	3	
21	花卉		株	60		1		
22	结缕草	Zoysia japonica	m²	200				

表6-2　苗木统计表（二）

编号	树种		单位	数量	规格		出圃年龄	备注
	中文名	拉丁名			干径/cm	高度/m		
1	雪柳	Fontanesia fortunei	株	1000		1	1	
2	华山松	Pinus armandii	株	3	6		6	
3	桧柏	Juniperus chinensis	株	13	4		4	
4	山桃	Prunus davidiana	株	9	5		5	
5	元宝槭	Acer truncatum	株	1	4		4	
6	文冠果	Xanthoceras sorbifolia	株	4	4		4	
7	连翘	Forsythia suspensa	株	5		1	3	每丛5株
8	锦带花	Weigela ftorida	株	35		1	2	每丛7株
9	榆叶梅	Prunus triloba	株	7		1	3	每丛7株
10	紫丁香	Syringa oblata	株	48		1	3	每丛8株
11	五叶地锦	Parthenocissus quinquefolia	株	13		3	2	
12	结缕草	Zoysia japonica steud	m²	600			1	
13	花卉		株	410			1	

5）标注株、行距及坐标网络，进行定位。自然式植物种植如图6-1所示，规则式植物种植如图6-2所示。

6）编写设计施工说明。

7）绘制植物种植详图。

8）绘制指北针或风玫瑰图，标注比例和标题栏。

9）检查并完成全图。

第三节　园林植物配置图的识读

阅读园林植物种植设计图用以了解种植设计意图、绿化目的及所达效果，明确种植要求，以便组织施工和做出工程预算。

1）看标题栏、比例、指北针或风玫瑰图及设计说明。明确工程名称、性质、所处方位及主导风向。

2）看植物图例、编号、苗木统计表及文字说明。根据图示各植物编号，对照苗木统计表及技术说明了解植物的种类、名称、规格、数量等，验核或编制种植工程预算。

3）看图示植物种植位置及配置方式。明确植物种植的位置及定点放线的基准。

4）看植物的种植规格和定位尺寸，明确定点放线的基准。

5）看植物种植详图，明确具体种植要求，组织种植施工。

第七章

园林建筑施工图识读

园林建筑是一种独具特点的建筑，是指在园林中供人们游览和使用的各类建筑物。它既要满足建筑的使用功能要求，又要满足园林景观的造景要求，并与园林环境密切配合，与自然融为一体。

第一节　园林建筑总平面图

　　园林建筑总平面图是表明需建设的建筑物所在位置的平面状况的布置图。其中有的布置一个建筑群，有的仅是几栋建筑物，有的或许只有一两座要建的房屋。这些建筑物可以在一个广阔的区域中，也可以在已建成的建筑群之中；有的在平地、有的在城市、有的在乡村、有的在山陵地段，情形各不相同，因此建筑总平面图根据具体条件、情况的不同，其布置也各异。

一、园林建筑总平面图的内容

　　1）图名、比例。

　　2）应用图例来表明新建区、扩建区或改建区的总体布置，表明各建筑物和构筑物的位置，道路、广场、室外场地和绿化等的布置情况，以及各建筑物的层数等。在总平面图上一般应画上所采用的主要图例及其名称。

　　3）确定新建或扩建工程的具体位置，一般根据原有房屋或道路来定位，并以 m 为单位标注出定位尺寸。

　　4）注明新建房屋底层室内地面和室外整平地面的绝对标高。

　　5）画上风向频率玫瑰图及指北针，来表示该地区的常年风向频率和建筑物、构筑物等的朝向，有时也可只画单独的指北针。

二、园林建筑设计说明

　　建筑设计总说明通常放在图样目录后面或建筑总平面图后面，它的内容根据建筑物的复杂程度有多有少，但一般应包括设计依据、工程概况、工程做法等内容。

　　1. 设计依据

　　施工图设计过程中采用的相关依据。它主要包括建设单位提供的设计任务书，政府部门的有关批文，法律、法规，国家颁布的一些相关规范、标准等。

　　2. 工程概况

　　工程的基本情况。一般应包括工程名称、工程地点、建筑规模、建筑层数、设计标高等一些基本内容。

3. 工程做法

介绍建筑物各部位的具体做法和施工要求。它一般包括屋面、楼面、地面、墙体、楼梯、门窗、装修工程、踢脚板、散水等部位的构造做法及材料要求，若选自标准图集，则应注写图集代号。除了文字说明的形式，对某些说明也可采用表格的形式。通常工程做法当中还包括建筑节能、建筑防火等方面的具体要求。

三、园林建筑总平面图的识读

1. 总平面图的形成及用途

总平面图是整个建设区域由上向下按正投影的原理投影到水平投影面上得到的正投影图。总平面图用来表示一个工程所在位置的总体布置情况，是建筑物施工定位、土方施工以及绘制其他专业管线总平面图的依据。

总平面图一般包括的区域较大，因此采用1：500、1：1000、1：2000等较小的比例绘制。在实际工程中，总平面图经常采用1：500的比例。由于比例较小，总平面图中的房屋、道路、绿化等内容无法按投影关系真实地反映出来，因此这些内容都用图例来表示。总平面图中常用图例见附录A。在实际中如果需要用自定义图例，则应在图样上画出图例并注明其名称。

2. 建筑总平面图识读

1）在阅读总平面图之前要先熟悉相应图例。熟悉图例是阅读总平面图应具备的基本知识。

2）查看总平面图的比例和风向频率玫瑰图，确定总平面图中的方向，找出规划红线以确定总平面图所表示的整个区域中土地的使用范围。

3）查找新建建筑物并按照图例的表示方法找出并区分各种建筑物。根据指北针或坐标确定建筑物方向。根据总平面图中的坐标及尺寸标注查找出新建建筑物的尺寸及定位依据。

4）了解建筑物周围环境及地形、地物情况，以确定新建建筑物所在的地形情况及周围地物情况。了解总平面图中的道路、绿化情况，以确定新建建筑物建成后的人流方向和交通情况及建成后的环境绿化情况。

第二节　园林建筑平面图

建筑平面图是假想用一个水平剖切平面，在建筑物门窗洞口处将房屋剖切

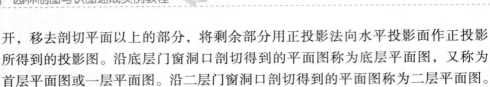

开，移去剖切平面以上的部分，将剩余部分用正投影法向水平投影面作正投影所得到的投影图。沿底层门窗洞口剖切得到的平面图称为底层平面图，又称为首层平面图或一层平面图。沿二层门窗洞口剖切得到的平面图称为二层平面图。若建筑的中间层相同则用同一个平面图表示，称为标准层平面图。沿最高一层门窗洞口将房屋切开得到的平面图称为顶层平面图。将房屋的屋顶直接作水平投影得到的平面图称为屋顶平面图。有的建筑物还有地下室平面图和设备层平面图等。

一、园林建筑平面图的内容

建筑平面图经常采用 1：50、1：100、1：200 的比例绘制，其中 1：100 的比例最为常用。建筑物的各层平面图中除顶层平面图之外，其他各层建筑平面图中的主要内容及阅读方法基本相同。下面以底层平面图为例介绍平面图的主要内容。

1. 建筑物朝向

建筑物朝向是指建筑物主要出入口的朝向，主要入口朝哪个方向就称建筑物朝哪个方向，建筑物的朝向由指北针来确定，指北针一般只画在底层平面图中。

2. 墙体、柱

在平面图中墙体、柱是被剖切到的部分。墙体、柱在平面图中用定位轴线来确定其平面位置，在各层平面图中定位轴线是对应的。在平面图中剖切到的墙体通常不画材料图例，柱子用涂黑来表示。平面图中还应表示出墙体的厚度（墙体的厚度指的是墙体未包含装修层的厚度）、柱子的截面尺寸及与轴线的关系。

3. 建筑物的平面布置情况

建筑物内各房间的用途，各房间的平面位置及具体尺寸。横向定位轴线之间的距离称为房间的开间，纵向定位轴线之间的距离称为房间的进深。

4. 门窗

为了表示清楚通常对门窗进行编号。门用代号"M"表示，窗用代号"C"表示，编号相同的门窗做法、尺寸都相同。在平面图中门窗只能表示出宽度。

5. 楼梯

由于平面图比例较小，楼梯只能表示出上下方向及级数，详细的尺寸做法在楼梯详图中表示。在平面图中能够表示楼梯间的平面位置、开间、进深等尺寸。

6. 标高

在底层平面图中通常表示出室内地面和室外地面的相对标高。在标准层平面图中，不在同一个高度上的房间都要标出其相对标高。

7. 附属设施

在平面图中还有散水、台阶、雨篷、雨水管等一些附属设施。这些附属设施在平面图中按照所在位置有的只出现在某层平面图中，如台阶、散水等只在底层平面图中表示，在其他各层平面图中则不再表示。附属设施在平面图中只表示平面位置及一些平面尺寸，具体做法则要结合建筑设计说明查找相应详图或图集。

8. 尺寸标注

平面图中标注的尺寸分为内部尺寸和外部尺寸两种。内部尺寸一般标注一道，表示墙厚，墙与轴线的关系，房间的净长、净宽，以及内墙上门窗大小与轴线的关系。外部尺寸一般标注三道。最里边一道尺寸标注门窗洞口尺寸及与轴线关系，中间一道尺寸标注轴线间的尺寸，最外边一道尺寸标注房屋的总尺寸。

二、园林建筑平面图的识读

识读园林建筑平面图时一般应按照如下步骤进行：

1）查阅建筑物朝向、形状。根据指北针确定房屋朝向。

2）查阅建筑物墙体厚度，柱子截面尺寸及墙、柱的平面布置情况。各房间的用途及平面位置，房间的开间、进深尺寸等。

3）查阅建筑物门窗的位置和尺寸。检查门窗表中的门窗代号、尺寸、数量与平面图是否一致。

4）查阅建筑物各部位标高。

5）查阅建筑物附属设施的平面位置。

三、园林建筑平面图案例

1. 八面亭平面图

八面亭顶平面图如图 7-1 所示，八面亭底平面图如图 7-2 所示。

2. 四角亭平面图

四角亭顶平面图如图 7-3 所示，四角亭底平面图如图 7-4 所示。

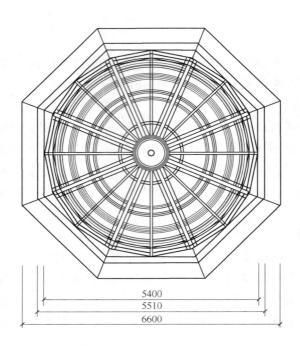

5400
5510
6600

图 7-1   八面亭顶平面图

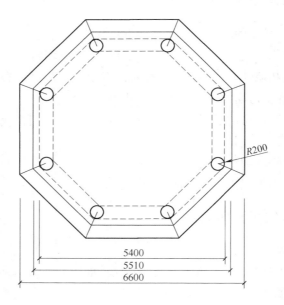

R200

5400
5510
6600

图 7-2   八面亭底平面图

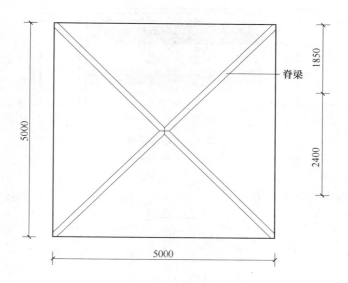

图 7-3　四角亭顶平面图

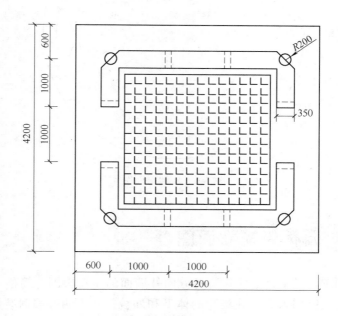

图 7-4　四角亭底平面图

3. 水墙平面图

水墙平面图如图 7-5 所示。

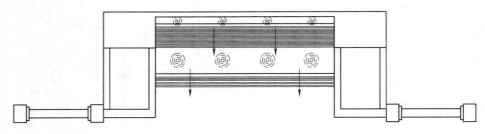

图7-5 水墙平面图

4. 花池平面图

花池平面图如图7-6所示。

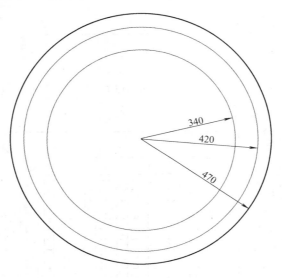

图7-6 花池平面图

第三节 | 园林建筑立面图

建筑立面图，是平行于建筑物各方向外墙面的正投影图，简称（某向）立面图。建筑立面图用来表示建筑物的体型和外貌，并表明外墙面装饰材料与装饰要求等的图样。

一、园林建筑立面图的内容

1）表明图名、比例和两端的定位轴线。

2）表明房屋的外形，以及门窗、台阶、雨篷、阳台、雨水管等位置和形状。

3）表明标高和必需的局部尺寸。

4）表明外墙装饰的材料和做法。

5）标注详图索引符号。

二、园林建筑立面图的识读

识读立面图时要结合平面图，建立整个建筑物的立体形状。对一些细部构造要通过立面图与平面图结合确定其空间形状与位置。另外，在识读立面图时要根据图名确定立面图表示建筑物的哪个立面。识读立面图时一般按照如下步骤进行：

1）了解建筑物竖向的外部形状。

2）查阅建筑物各部位的标高及尺寸标注，结合平面图确定建筑物门窗、雨篷、阳台、台阶等部位的空间形状与具体位置。

3）查阅外墙面的装修做法。

三、园林建筑立面图案例

1. 八面亭立面图

八面亭立面图如图7-7所示。

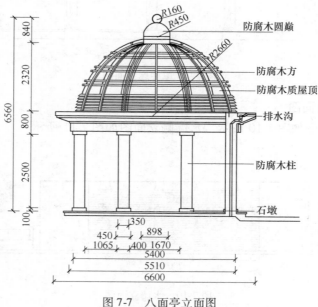

图7-7 八面亭立面图

2. 四角亭立面图

四角亭立面图如图 7-8 所示。

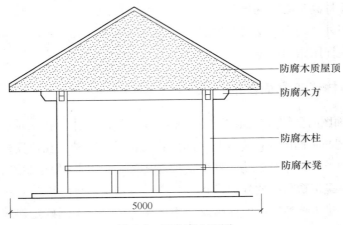

防腐木质屋顶
防腐木方
防腐木柱
防腐木凳

5000

图 7-8　四角亭立面图

3. 单柱廊立面图

单柱廊立面图如图 7-9 所示。

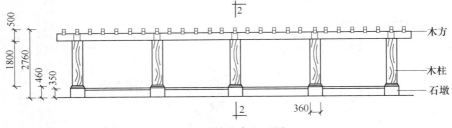

木方
木柱
石墩

图 7-9　单柱廊立面图

4. 水墙立面图

水墙立面图如图 7-10 所示，水墙侧立面图如图 7-11 所示。

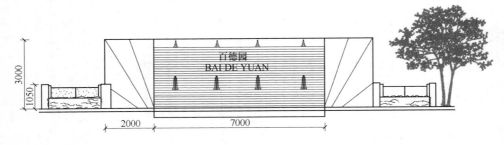

百德园
BAI DE YUAN

3000
1050
2000
7000

图 7-10　水墙立面图

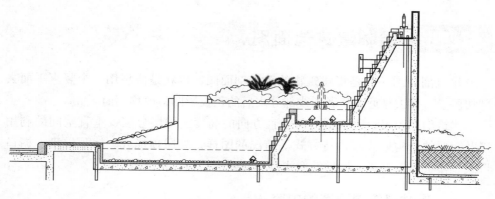

图 7-11　水墙侧立面图

墙面的装饰

在外墙面上，当前采用的有在水泥抹灰的墙面上做出各种线条并涂以各种色彩涂料，增加美观；还有用饰面材料粘贴进行装饰，如墙面砖、锦砖、大理石、镜面花岗石等；以及风行一时的玻璃幕墙，利用借景来装饰墙面。

内墙面的装饰一般以清洁、明快为主，最普通的是抹灰面加内墙涂料，或粘贴墙纸，较高级些的做石膏墙面或用木板、胶合板进行装饰。

5. 花池立面图

花池立面图如图 7-12 所示。

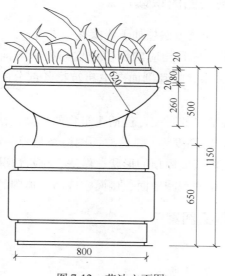

图 7-12　花池立面图

第四节 园林建筑剖面图

建筑剖面图一般是指建筑物的垂直剖面图，也就是假想用一个竖直平面去剖切房屋，移去靠近观察者视线部分之后的正投影图，简称剖面图。

建筑剖面图表示建筑物内部垂直方向的高度、楼层分层、垂直空间的利用以及简要的结构形式和构造方式等情况的图样，如屋顶形式、屋顶坡度、檐口形式、楼板布置方式、楼梯的形式及其简要的结构、构造等。

一、园林建筑剖面图的内容

建筑剖面图的比例通常与平面图、立面图相同。

1）表示房屋内部的分层分隔情况。

2）表示剖切到的房屋的一些承重构件，如楼板、圈梁、过梁、楼梯等。

3）表示房屋高度的尺寸及标高。

4）表示房屋剖切到的一些附属构件，如台阶、散水、雨篷等。

5）尺寸标注。剖面图中竖直方向的尺寸标注分为三道尺寸：最里边一道尺寸标注门窗洞口高度、窗台高度、门窗洞口顶上到楼面（屋面）的高度；中间一道尺寸标注层高尺寸；最外一道尺寸标注从室外地坪到外墙顶部的总高度。剖面图中水平方向需要标注剖切到的墙和柱轴线间的尺寸。

二、园林建筑剖面图的识读

园林建筑剖面图的识读方法按如下步骤逐一进行：

1）在底层剖面图中找到相应的剖切位置与投影方向，结合各层建筑平面图，根据对应的投影关系，找到剖面图中建筑物各部分的平面位置，建立建筑物内部的空间形状。

2）查阅建筑物各部位的高度，包括建筑物的层高、剖切到的门窗高度、楼梯平台高度、屋檐部位的高度等，结合立面图检查是否一致。

3）结合屋顶平面图查阅屋顶的形状、做法、排水情况等。

4）结合建筑设计说明查阅地面、楼面、墙面、顶棚的材料和装修做法。

三、园林建筑剖面图案例

1. 四角亭剖面图

四角亭剖面图如图 7-13 所示。

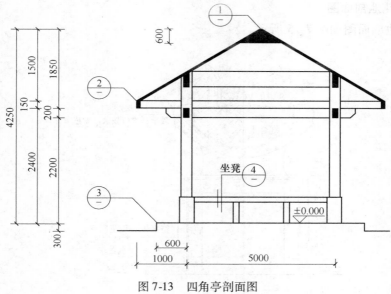

图 7-13 四角亭剖面图

2. 单柱廊剖面图

单柱廊剖面图如图 7-14 所示。

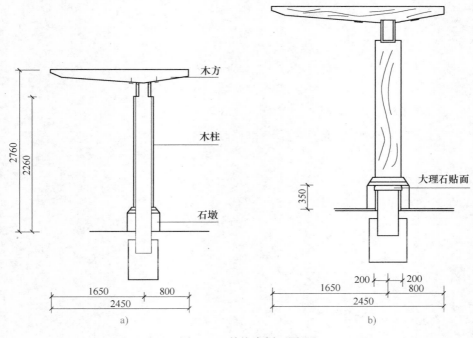

a)

b)

图 7-14 单柱廊剖面图

3. 花池剖面图

花池剖面图如图 7-15 所示。

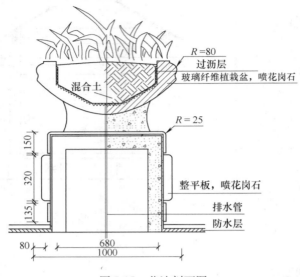

图 7-15　花池剖面图

第八章

园林工程图识读

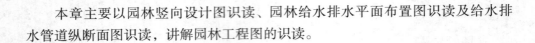

本章主要以园林竖向设计图识读、园林给水排水平面布置图识读及给水排水管道纵断面图识读，讲解园林工程图的识读。

第一节　园林竖向设计图识读

竖向设计指的是在场地中进行垂直于水平方向的布置和处理，也就是地形高程设计，对于园林工程项目地形设计应包括：地形塑造，山水布局，园路、广场等铺装的标高和坡度以及地表排水组织。竖向设计不仅影响到最终的景观效果，还影响到地表排水的组织、施工的难易程度、工程造价等多个方面。

一、园林竖向设计图的内容

1. 形状和位置

除园林植物及道路铺装细节以外的所有园林建筑、山石、水体及其小品等造园素材的形状和位置。

2. 现状与原地形标高

现状与原地形标高，地形等高线、设计等高线的等高距一般取 $0.25 \sim 0.5m$，当地形较复杂时，需要绘制地形等高线放样网格。设计地形等高线用实线绘制，现状地形等高线用虚线绘制。

3. 最高点或者某特殊点的位置和标高

如道路的起点和变坡点、转折点和终点等的设计标高（道路在路面中、阴沟在沟顶和沟底）、纵坡度、纵坡向、平曲线要素、竖曲线半径和关键点坐标；建筑物、构筑物室内外设计标高；挡土墙、外墙、护坡或土坡等构筑物的坡顶和坡脚的设计标高；主要山石的最高点设计标高；水体驳岸岸顶、岸底标高，池底标高，水面最低、最高及常水位。

4. 排水方向、坡度

地形的汇水线和分水线，或用坡向箭头标明设计地面坡向，指明地表排水方向、排水的坡度等。

5. 指北针，图例，比例，文字说明，图名

指北针是用于指示方向的工具。图例是表示地理事物的符号。文字说明中应包括标注单位、绘图比例、高程系统的名称、补充图例等。图名是通常根据图的区域范围、制图主题等对图幅给予命名。

6. 地形断面图

绘制重点地区、坡度变化复杂的地段的地形断面图，并标注标高、比例尺等。

二、园林竖向设计图的识读

竖向设计图的识读按以下步骤逐一进行：

1）看图名、比例、设计说明等了解图样的基本情况。

2）结合地形的原、现状图和地形设计图，进行比较，了解地形设计的情况。

3）看标高，了解竖向设计地形的填挖方情况。

4）结合设计说明，了解地形设计的施工要求和具体做法以及施工措施等。

第二节 园林给水排水工程图识读

园林给水排水图是表达园林给水排水及其设施的结构形状、大小、位置、材料及有关技术要求的图样，以供交流设计和施工人员按图施工。园林给水排水图一般由给水排水管道平面布置图、管道纵断面图、管网节点详图及说明等构成，本节主要讲述给水排水管道平面布置图和管道纵断面图。

一、园林给水排水工程图的内容

1. 给水排水管道平面布置图的内容

（1）建筑物、构筑物及各种附属设施

厂区或小区内的各种建筑物、构筑物、道路、广场、绿地、围墙等，均按建筑总平面的图例根据其相对位置关系用细实线绘出其外形轮廓线。多层或高层建筑在左上角用小黑点数表示其层数，用文字注明各部分的名称。

（2）管线及附属设备

厂区或小区内各种类型的管线是本图表述的重点内容，以不同类型的线型表达相应的管线，并标注相关尺寸，以满足水平定位要求。水表井、检查井、消火栓、化粪池等附属设备的布置情况以专用图例绘出，并标注其位置。

2. 给水排水管道纵断面图的内容

（1）原始地形、地貌与原有管道、其他设施

给水排水管道纵断面图中，应标注原始地平线、设计地面线、道路、铁路、排水沟、河谷及与本管道相关的各种地下管道、地沟、电缆沟等的相对距离和各自的标高。

（2）设计地面、管线及相关的建筑物、构筑物

绘出管线纵断面以及与之相关的设计地面、构筑物、建筑物，并进行编号。

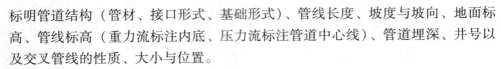

标明管道结构（管材、接口形式、基础形式）、管线长度、坡度与坡向、地面标高、管线标高（重力流标注内底、压力流标注管道中心线）、管道埋深、井号以及交叉管线的性质、大小与位置。

（3）标高标尺

一般在图的左前方绘制一标高标尺，表达地面与管线等的标高及其变化。

二、园林给水排水工程图的识读

园林给水排水工程图的识读应按以下步骤逐一进行：

1）园林给水排水工程图一般采用与房屋的卫生器具平面布置图或生产车间的配水设备平面布置图相同的比例，即常用1∶100和1∶50，各个布图方向应与平面布置图的方向一致，以使两种图样对照联系，便于阅读。

2）园林给水排水工程图中的管路也都用单线表示，其图例及线型、图线宽度等均按平面布置图样式。

3）当管道穿越地坪、楼面及屋顶、墙体时，可示意性地以细实线画成水平线，下面加剖面斜线表示地坪。两竖线中加斜线表示墙体。

第九章

园林工程图实例

一、实例概述

本例选用了一段园林广场的施工图，涉及施工过程中普遍使用的施工工艺，具有一定的代表性，通过本例的学习，读者可以在理解构造原理的基础上，应用已有知识自行设计并具有一定的指导施工能力。通过本章的学习，可以培养读者三种基本能力。

1) 具有一定的识读施工图的能力。

2) 了解绘制施工图的步骤和程序，包括根据已有施工图放大样、补充设计、变更材料或做法等。

3) 具有一定的审核园林施工图的能力，能够参照实际工程，发现施工图中的错误、疏漏以及与实际不符之处。

二、识读技巧

当要阅读一套图样时，如果不注意方法，不分先后，不分主次，无法快速准确获取施工图样的信息和内容。根据实践经验，读图的方法一般是：从整体到局部，再由局部到整体；互相对照，逐一核实。按照以下程序进行：

1) 先看图样目录，了解本套图样的设计单位、建设单位及图样类别和图样数量。

2) 按照图样目录检查各类图样是否齐全，图样编号与图名是否符合，是否使用标准图以及标准图的类别等。

3) 通过设计说明，了解工程概况和工程特点，并应掌握有关的技术要求。

4) 阅读施工图。在看施工图之前，一般应先看懂施工图，大中型工程还有必要对照结构施工图、设备施工图的有关内容。

在按照上述顺序通读的基础上，反复互相对照，以保证理解无误。

三、实例详图

1. 水系平面图（图 9-1 见书后插页）

2. 水系基础平面图（图 9-2、图 9-3 见书后插页）

3. 水系剖面图

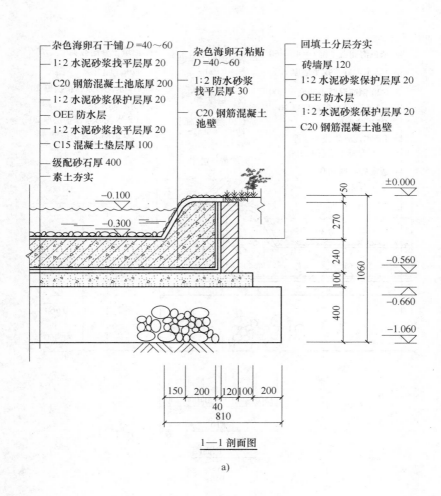

杂色海卵石干铺 D =40~60

1:2 水泥砂浆找平层厚 20

C20 钢筋混凝土池底厚 200

1:2 水泥砂浆保护层厚 20

OEE 防水层

1:2 水泥砂浆找平层厚 20

C15 混凝土垫层厚 100

级配砂石厚 400

素土夯实

杂色海卵石粘贴 D =40~60

1:2 防水砂浆找平层厚 30

C20 钢筋混凝土池壁

回填土分层夯实

砖墙厚 120

1:2 水泥砂浆保护层厚 20

OEE 防水层

1:2 水泥砂浆保护层厚 20

C20 钢筋混凝土池壁

1—1 剖面图

a)

图 9-4　水系剖面图

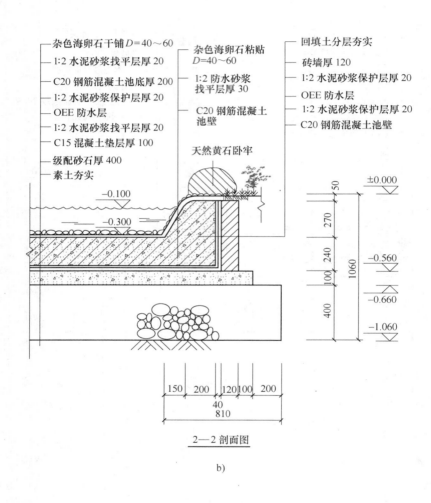

杂色海卵石干铺 D=40~60
1:2 水泥砂浆找平层厚 20
C20 钢筋混凝土池底厚 200
1:2 水泥砂浆保护层厚 20
OEE 防水层
1:2 水泥砂浆找平层厚 20
C15 混凝土垫层厚 100
级配砂石厚 400
素土夯实

杂色海卵石粘贴 D=40~60
1:2 防水砂浆找平层厚 30
C20 钢筋混凝土池壁
天然黄石卧牢

回填土分层夯实
砖墙厚 120
1:2 水泥砂浆保护层厚 20
OEE 防水层
1:2 水泥砂浆保护层厚 20
C20 钢筋混凝土池壁

2—2 剖面图

b)

图 9-4　水系

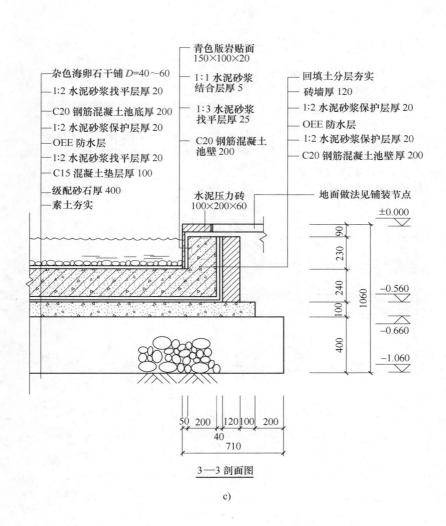

杂色海卵石干铺 D=40～60
1:2 水泥砂浆找平层厚 20
C20 钢筋混凝土池底厚 200
1:2 水泥砂浆保护层厚 20
OEE 防水层
1:2 水泥砂浆找平层厚 20
C15 混凝土垫层厚 100
级配砂石厚 400
素土夯实

青色版岩贴面
150×100×20
1:1 水泥砂浆
结合层厚 5
1:3 水泥砂浆
找平层厚 25
C20 钢筋混凝土
池壁 200

水泥压力砖
100×200×60

回填土分层夯实
砖墙厚 120
1:2 水泥砂浆保护层厚 20
OEE 防水层
1:2 水泥砂浆保护层厚 20
C20 钢筋混凝土池壁厚 200

地面做法见铺装节点

±0.000
90
230
240
100
400
1060
−0.560
−0.660
−1.060

50 200 120 100 200
40
710

3—3 剖面图

c)

剖面图（续）

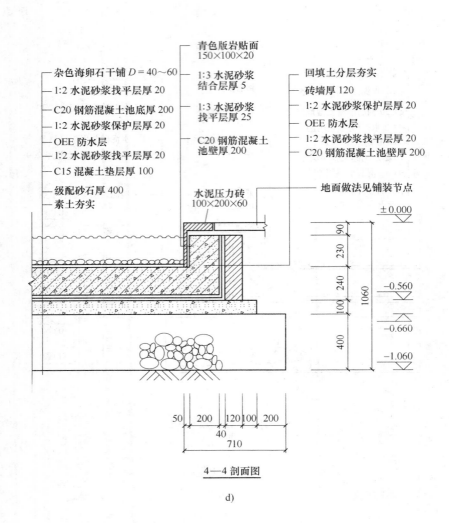

杂色海卵石干铺 D＝40～60
1:2 水泥砂浆找平层厚 20
C20 钢筋混凝土池底厚 200
1:2 水泥砂浆保护层厚 20
OEE 防水层
1:2 水泥砂浆找平层厚 20
C15 混凝土垫层厚 100
级配砂石厚 400
素土夯实

青色版岩贴面
150×100×20
1:3 水泥砂浆结合层厚 5
1:3 水泥砂浆找平层厚 25
C20 钢筋混凝土池壁厚 200
水泥压力砖
100×200×60

回填土分层夯实
砖墙厚 120
1:2 水泥砂浆保护层厚 20
OEE 防水层
1:2 水泥砂浆找平层厚 20
C20 钢筋混凝土池壁厚 200
地面做法见铺装节点

4—4 剖面图

d)

图9-4　水系

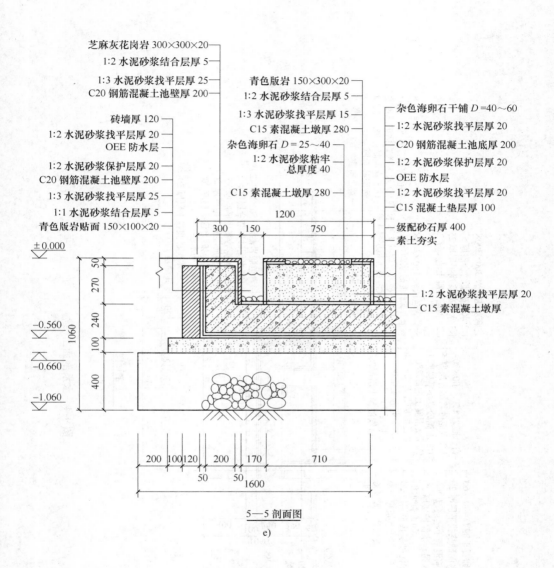

芝麻灰花岗岩 300×300×20
1:2 水泥砂浆结合层厚 5
1:3 水泥砂浆找平层厚 25
C20 钢筋混凝土池壁厚 200

砖墙厚 120
1:2 水泥砂浆找平层厚 20
OEE 防水层
1:2 水泥砂浆保护层厚 20
C20 钢筋混凝土池壁厚 200
1:3 水泥砂浆找平层厚 25
1:1 水泥砂浆结合层厚 5
青色版岩贴面 150×100×20

青色版岩 150×300×20
1:2 水泥砂浆结合层厚 5
1:3 水泥砂浆找平层厚 15
C15 素混凝土墩厚 280
杂色海卵石 D = 25～40
1:2 水泥砂浆粘牢
总厚度 40
C15 素混凝土墩厚 280

杂色海卵石干铺 D = 40～60
1:2 水泥砂浆找平层厚 20
C20 钢筋混凝土池底厚 200
1:2 水泥砂浆保护层厚 20
OEE 防水层
1:2 水泥砂浆找平层厚 20
C15 混凝土垫层厚 100
级配砂石厚 400
素土夯实

1:2 水泥砂浆找平层厚 20
C15 素混凝土墩厚

1200
300 150 750

± 0.000
−0.560
−0.660
−1.060

50
270
240
100
400
1060

200 100 120 200 170 710
50 50
1600

5—5 剖面图

e)

剖面图（续）

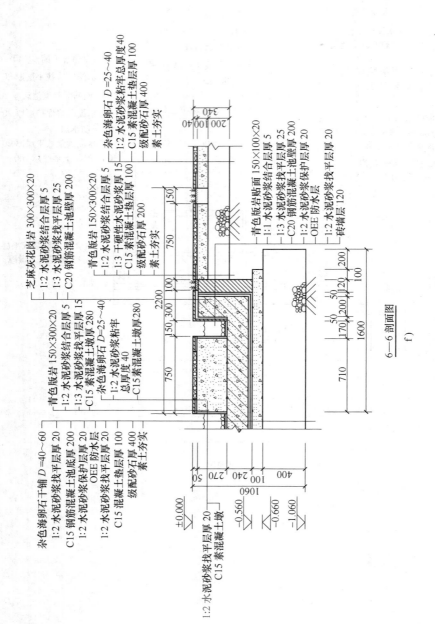

6—6 剖面图

f)

图 9-4 水系剖面图（续）

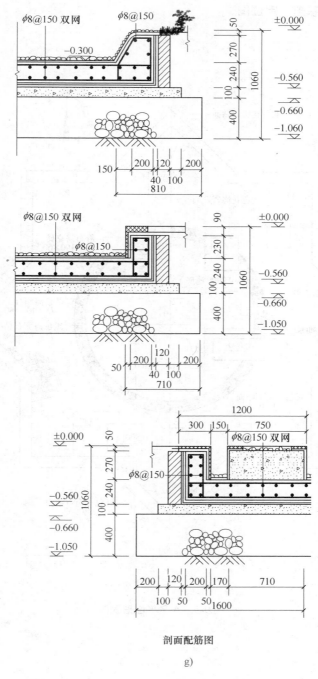

剖面配筋图

g)

图 9-4 水系剖面图（续）

4. 形式、基础、定位图

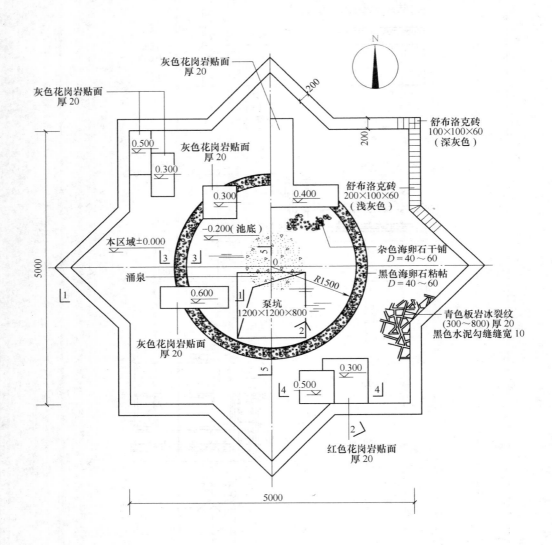

图 9-5　水景平面形式图

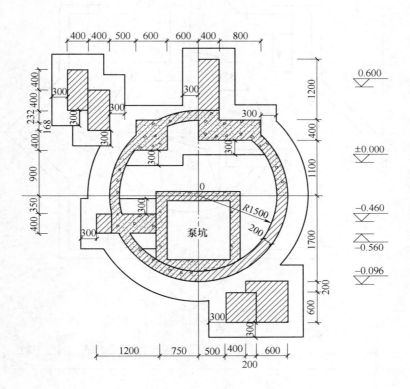

图9-6 水景基础平面图

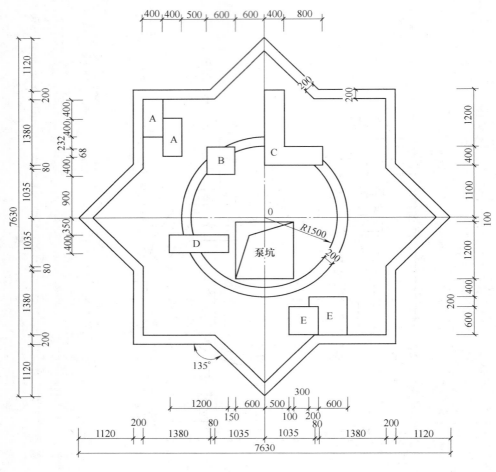

图 9-7 水景平面定位图

5. 立面图

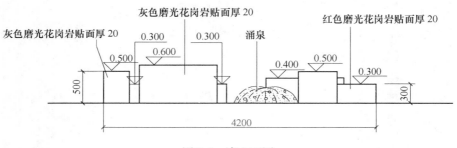

图 9-8 南立面图

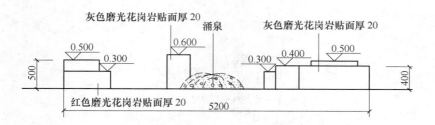

图 9-9　东立面图

6. 用料表

表 9-1　石台贴面材料用量

序　　号	选材名称		规格/mm	数量/块	面积/m²
1	花岗岩	灰色磨光	400×400×20	25	4
2			400×500×20	4	0.8
3			400×300×20	6	0.72
4			400×200×20	6	0.48
5			600×600×20	1	0.36
6			600×500×20	2	0.6
7			600×300×20	2	0.36
8			400×600×20	11	2.64
9		红色磨光	600×600×20	2	0.72
10			200×200×20	1	0.04
11			600×200×20	2	0.24
12			600×500×20	2	0.6
13			600×300×20	3	0.54
14			300×200×20	3	0.18
15			异型加工	1	0.24

7. 花池

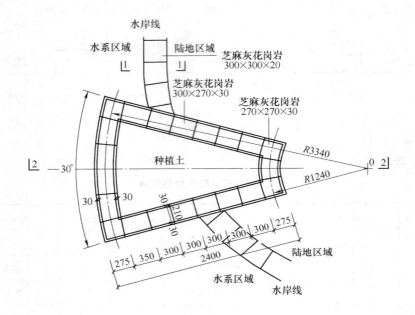

图 9-10　花池平面图

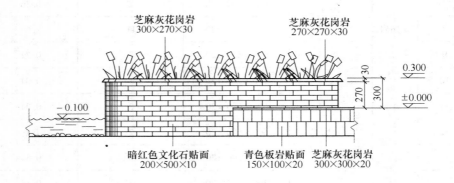

图 9-11　花池立面图

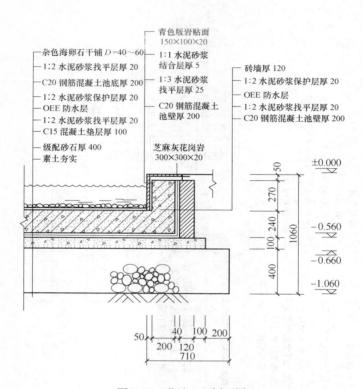

杂色海卵石干铺 $D=40\sim60$
1:2 水泥砂浆找平层厚 20
C20 钢筋混凝土池底厚 200
1:2 水泥砂浆保护层厚 20
OEE 防水层
1:2 水泥砂浆找平层厚 20
C15 混凝土垫层厚 100
级配砂石厚 400
素土夯实

青色版岩贴面
150×100×20
1:1 水泥砂浆
结合层厚 5
1:3 水泥砂浆
找平层厚 25
C20 钢筋混凝土
池壁厚 200
芝麻灰花岗岩
300×300×20

砖墙厚 120
1:2 水泥砂浆保护层厚 20
OEE 防水层
1:2 水泥砂浆找平层厚 20
C20 钢筋混凝土池壁厚 200

图 9-12　花池 1-1 剖面图

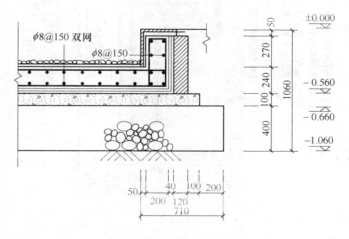

$\phi8@150$ 双网
$\phi8@150$

图 9-13　花池 1-1 剖面配筋图

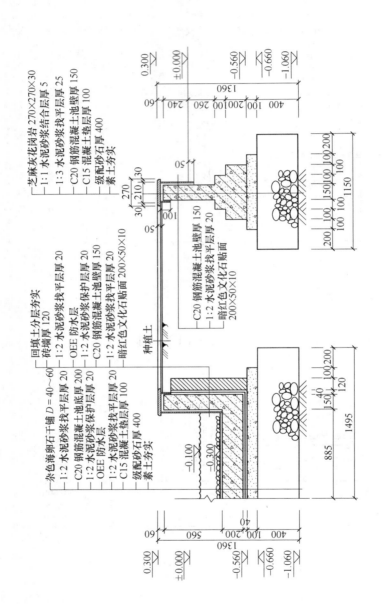

图 9-14 花池 2-2 剖面图

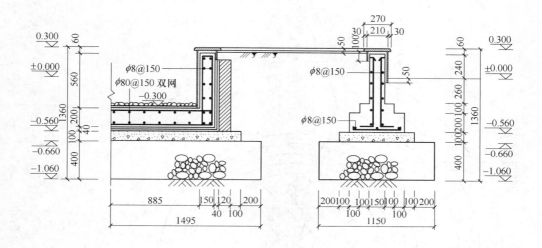

图 9-15　花池 2-3 剖面配筋图

8. 总平面图（图 9-16 见书后插页）

9. 水景平面图（图 9-20 见书后插页）

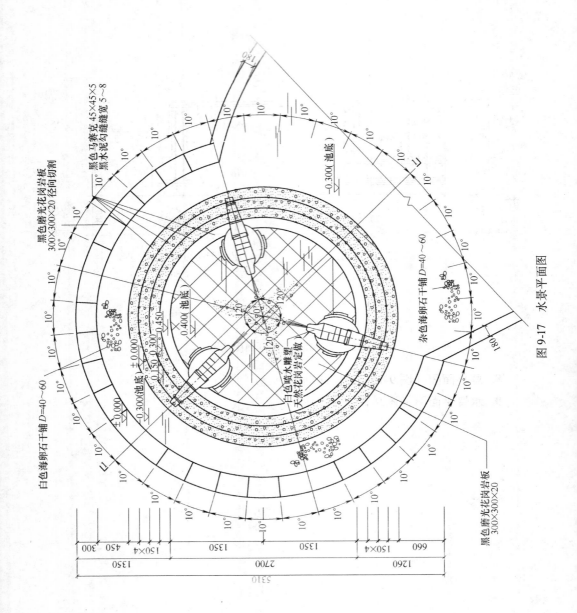

图 9-17 水景平面图

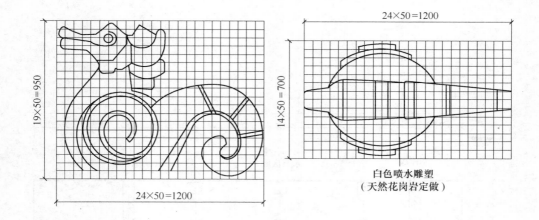

图 9-18 雕塑大样图

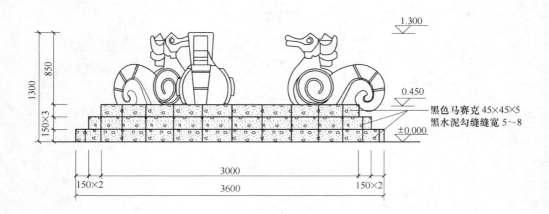

图 9-19 水景立面图

10. 园桥

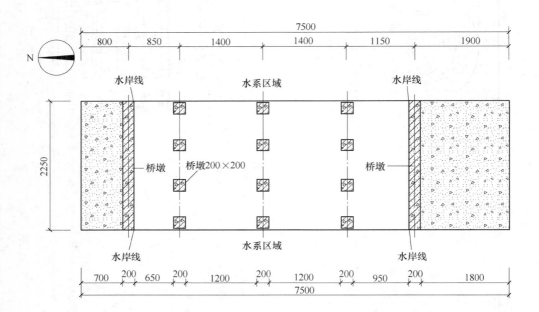

图 9-21　园桥基础平面图

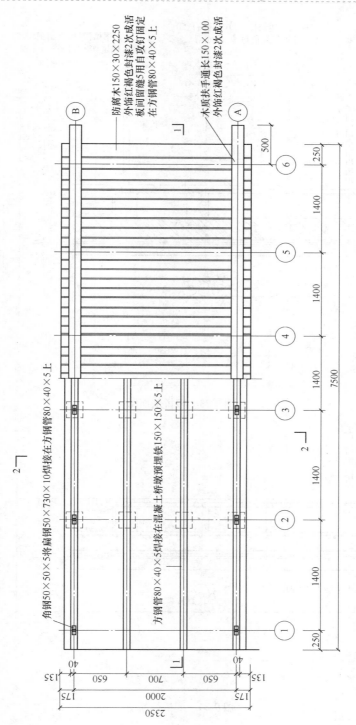

防腐木150×30×2250
外饰红褐色封漆2次成活
板间留缝5用自攻钉固定
在方钢管80×40×5上

木质扶手通长150×100
外饰红褐色封漆2次成活

角钢50×50×5将扁钢50×730×10焊接在方钢管80×40×5上

方钢管80×40×5焊接在混凝土桥墩预埋铁150×150×5上

图9-22　园桥平面图

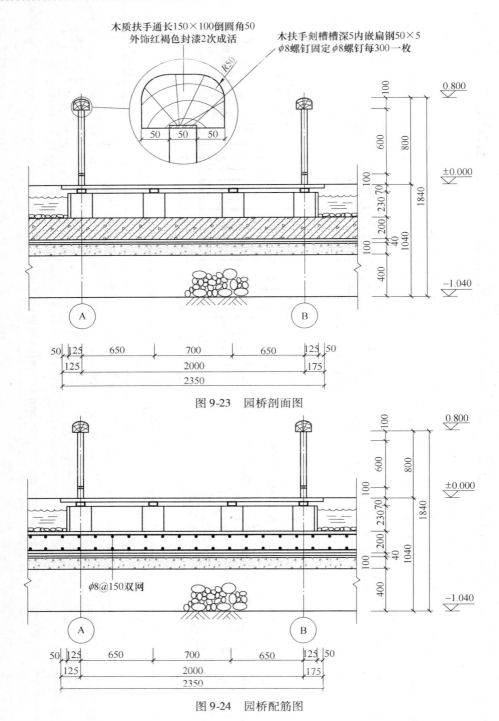

图 9-23　园桥剖面图

图 9-24　园桥配筋图

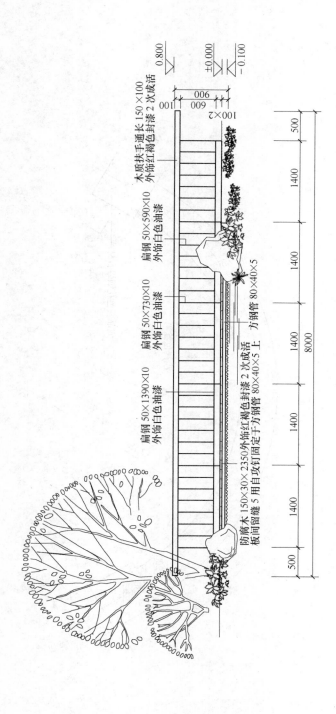

图 9-25　园桥立面图

11. 景墙

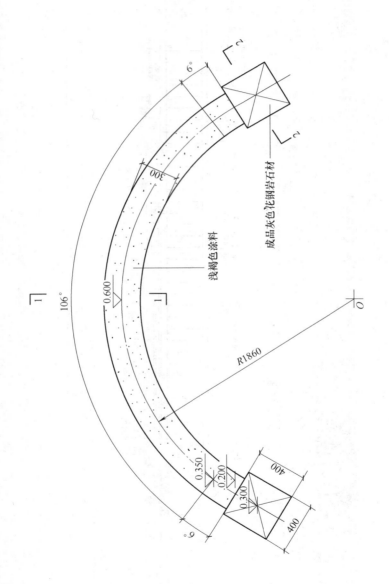

图 9-26   景墙平面图

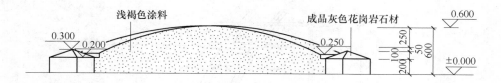

图 9-27　景墙立面图

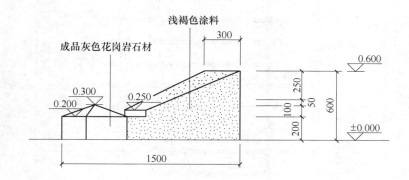

图 9-28　景墙侧立面图

12. 花架

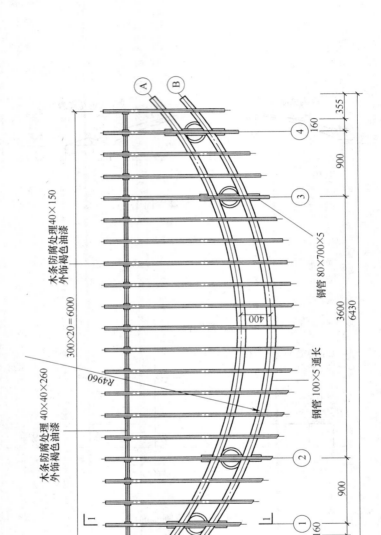

图 9-29 花架平面图 1

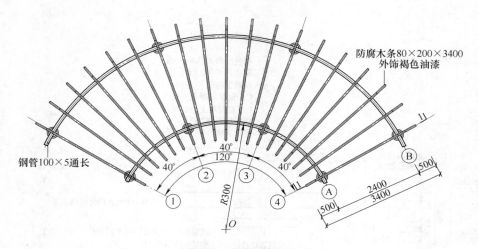

图 9-30　花架平面图 2

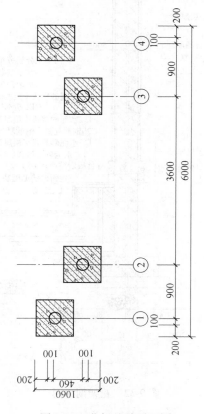

图 9-31　花架基础平面图

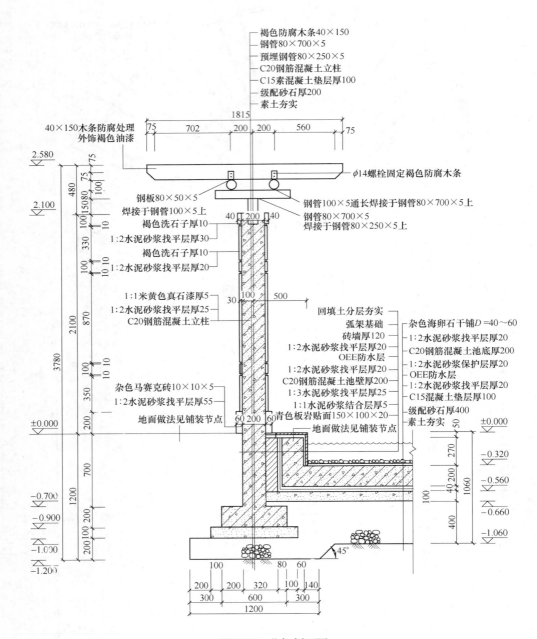

图 9-32　花架剖面图

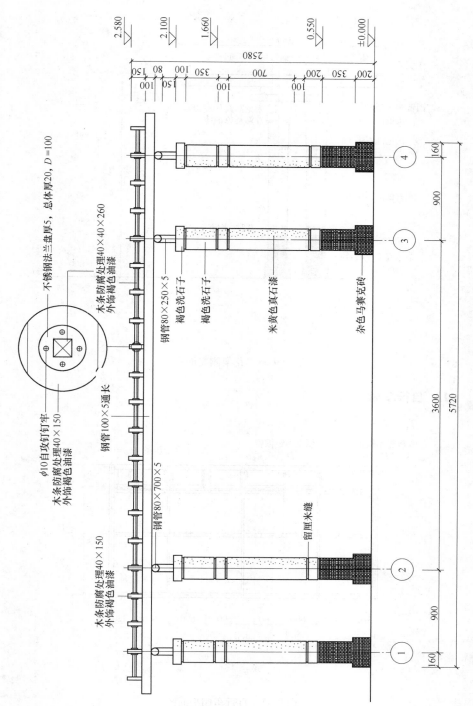

图 9-33 花架正立面图

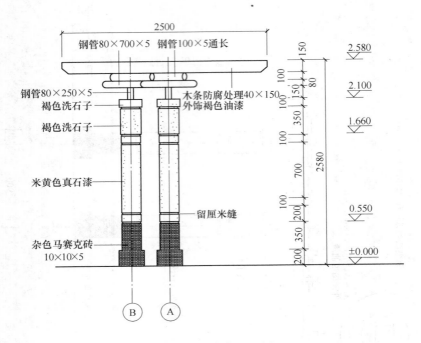

图 9-34   花架侧立面图

13. 自行车棚

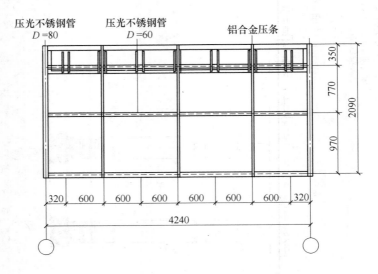

图 9-35   自行车棚平面图

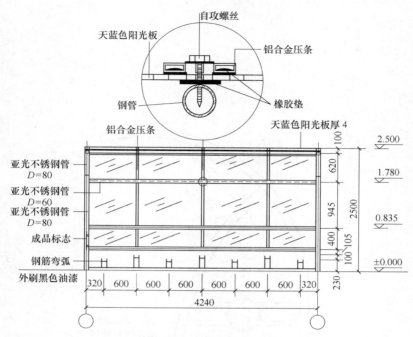

图 9-36 自行车棚立面图

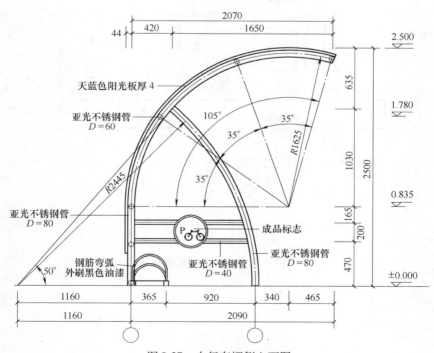

图 9-37 自行车棚侧立面图

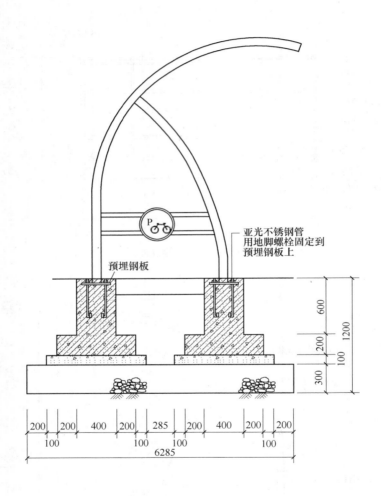

图 9-38　自行车棚剖面图

附　　录

附录 A 总平面图图例

总平面图图例见表 A-1，摘自《总图制图标准》（GB/T 50103—2010）。

表 A-1 总平面图图例

名 称	图 例	备 注
新建建筑物	$X=$ $Y=$ ① 12F/2D H=59.00m	新建建筑物以粗实线表示与室外地坪相接处 ±0.00 外墙定位轮廓线 建筑物一般以 ±0.00 高度处的外墙定位轴线交叉点坐标定位。轴线用细实线表示，并标明轴线号 根据不同设计阶段标注建筑编号，地上、地下层数，建筑高度，建筑出入口位置（两种表示方法均可，但同一图样采用一种表示方法） 地下建筑物以粗虚线表示其轮廓 建筑上部（ ±0.00 以上）外挑建筑用细实线表示 建筑物上部轮廓用细虚线表示并标注位置
原有建筑物		用细实线表示
计划扩建的预留地或建筑物		用中粗虚线表示
拆除的建筑物		用细实线表示
建筑物下面的通道		—

（续）

名　　称	图　　例	备　　注
散状材料 露天堆场	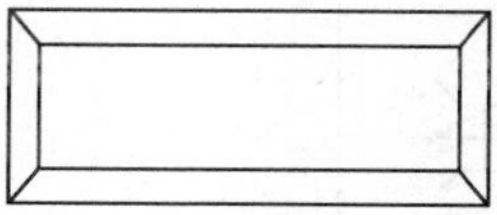	需要时可注明材料名称
其他材料 露天堆场或 露天作业场	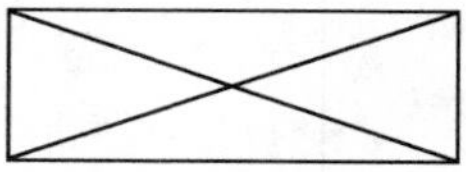	需要时可注明材料名称
铺砌场地	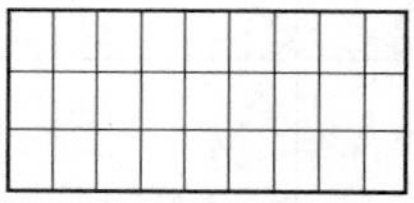	—
敞棚或敞廊	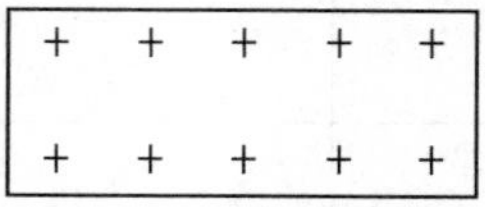	—
高架式料仓	 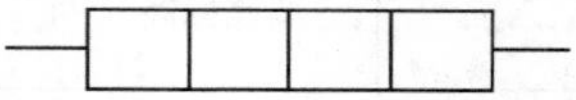	—
漏斗式贮仓		左、右图为底卸式 中图为侧卸式
冷却塔（池）	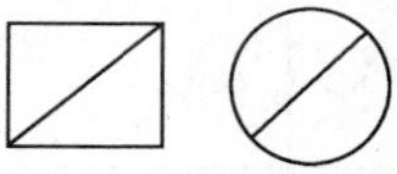	应注明冷却塔或冷却池
水塔、贮罐	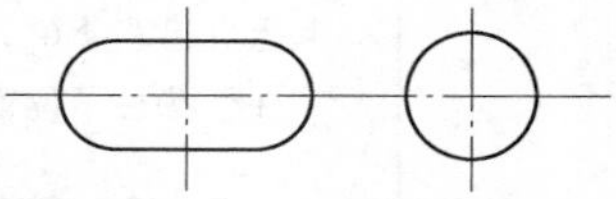	左图为卧式贮罐 右图为水塔或立式贮罐
水池、坑槽		可以不涂黑

（续）

名　称	图　例	备　注
明溜矿槽（井）	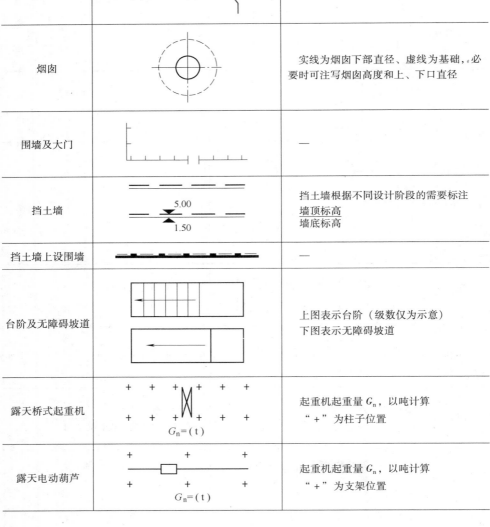	—
斜井或平硐		—
烟囱		实线为烟囱下部直径、虚线为基础，必要时可注写烟囱高度和上、下口直径
围墙及大门		—
挡土墙	5.00 1.50	挡土墙根据不同设计阶段的需要标注 墙顶标高 墙底标高
挡土墙上设围墙		—
台阶及无障碍坡道		上图表示台阶（级数仅为示意） 下图表示无障碍坡道
露天桥式起重机	$G_n = (t)$	起重机起重量 G_n，以吨计算 "+"为柱子位置
露天电动葫芦	$G_n = (t)$	起重机起重量 G_n，以吨计算 "+"为支架位置

（续）

名　称	图　例	备　注
门式起重机	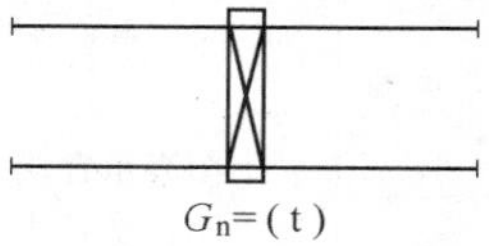 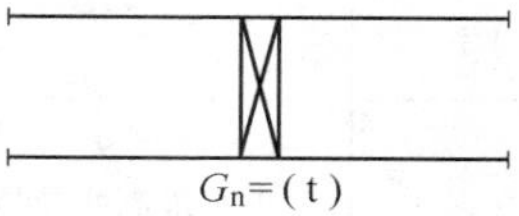 $G_n=(t)$ $G_n=(t)$	起重机起重量 G_n，以吨计算 上图表示有外伸臂 下图表示无外伸臂
架空索道		"I"为支架位置
斜坡卷扬机道		—
斜坡栈桥 （皮带廊等）	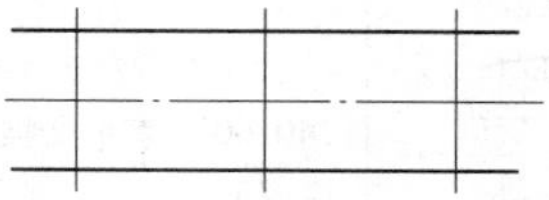	细实线表示支架中心线位置
坐标	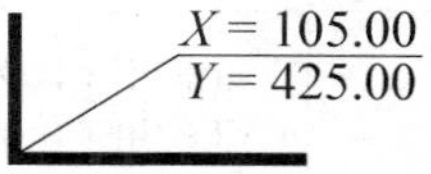 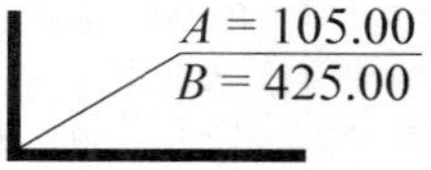 $X=105.00$ $Y=425.00$ $A=105.00$ $B=425.00$	上图表示地形测量坐标系 下图表示自设坐标系 坐标数字平行于建筑标注
方格网交叉点标高	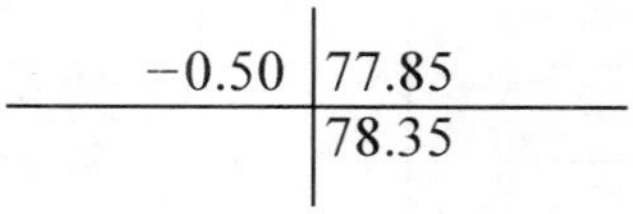 -0.50 | 77.85 78.35	"78.35"为原地面标高 "77.85"为设计标高 "-0.50"为施工高度 "$-$"表示挖方（"$+$"表示填方）
填方区、挖方区、 未整平区及零线	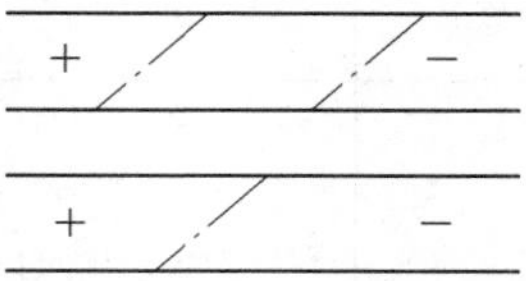 $+$　　　　$-$ $+$　　　　$-$	"$+$"表示填方区 "$-$"表示挖方区 中间为未整平区 点画线为零点线
填挖边坡	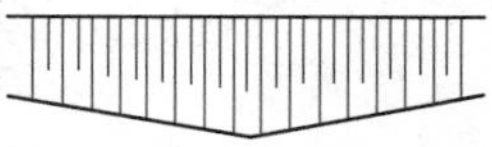	—

（续）

名　　称	图　　例	备　　注
分水脊线与谷线	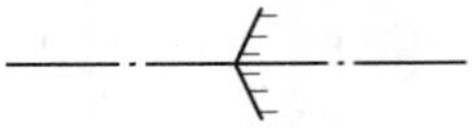 	上图表示脊线 下图表示谷线
洪水淹没线	 —— —— —— —— ——	洪水最高水位以文字标注
地表排水方向		—
截水沟	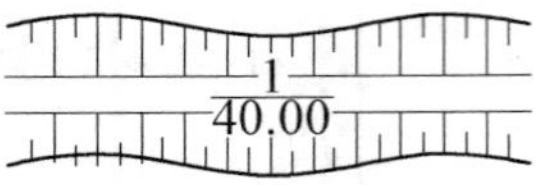 $\dfrac{1}{40.00}$	"1"表示1%的沟底纵向坡度，"40.00"表示变坡点间距离，箭头表示水流方向
排水明沟	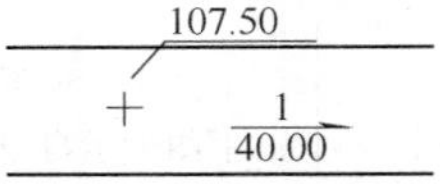 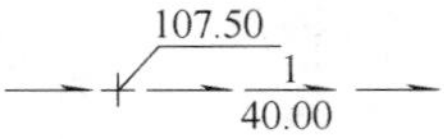 107.50 $\dfrac{1}{40.00}$ 107.50 $\dfrac{1}{40.00}$	上图用于比例较大的图面 下图用于比例较小的图面 "1"表示1%的沟底纵向坡度，"40.00"表示变坡点间距离，箭头表示水流方向 "107.50"表示沟底变坡点标高（变坡点以"＋"表示）
有盖板的排水沟	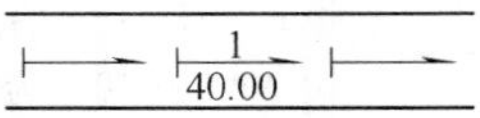 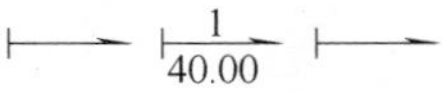 $\dfrac{1}{40.00}$ $\dfrac{1}{40.00}$	—
雨水口	 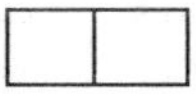	上图表示雨水口 中图表示原有雨水口 下图表示双落式雨水口

（续）

名　称	图　例	备　注
消火栓井		—
急流槽		箭头表示水流方向
跌水		
拦水（闸）坝		—
透水路堤		边坡较长时，可在一端或两端局部表示
过水路面		—
室内地坪标高	151.00 (±0.00)	数字平行于建筑物注写
室外地坪标高	143.00	室外标高也可采用等高线
盲道		—

（续）

名　　称	图　　例	备　　注
地下车库入口		机动车停车场
地面露天停车场		—
露天机械停车场		露天机械停车场

附录 B　常用建筑材料图例

常用建筑材料图例见表 B-1，摘自《房屋建筑制图统一标准》（GB/T 50001—2010）。

表 B-1　常用建筑材料图例

名　　称	图　　例	备　　注
自然土壤		包括各种自然土壤
夯实土壤		—
砂、灰土		—
砂砾石、碎砖三合土		—
石材		—

（续）

名　称	图　例	备　注
毛石		—
普通砖	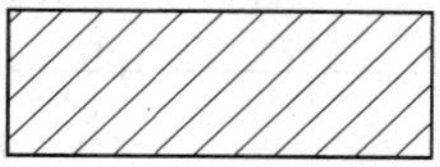	包括实心砖、多孔砖、砌块等砌体。断面较窄不易绘出图例线时，可涂红，并在图样备注中加注说明，画出该材料图例
耐火砖	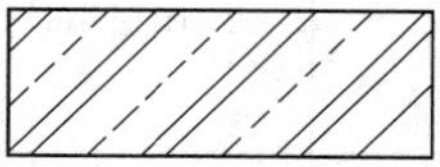	包括耐酸砖等砌体
空心砖	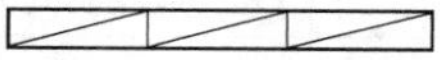	指非承重砖砌体
饰面砖	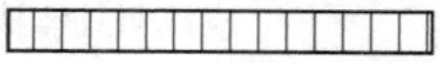	包括铺地砖、马赛克、陶瓷锦砖、人造大理石等
焦渣、矿渣	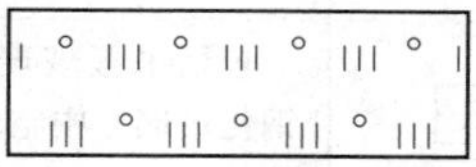	包括与水泥、石灰等混合而成的材料
混凝土	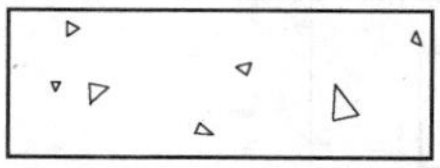	1. 本图例指能承重的混凝土 2. 包括各种强度等级、集料、添加剂的混凝土 3. 在剖面图上画出钢筋时，不画图例线 4. 断面图形小，不易画出图例线时，可涂黑
钢筋混凝土	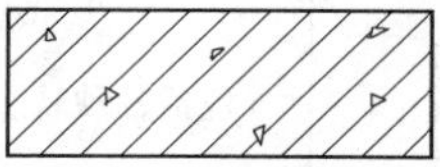	
多孔材料	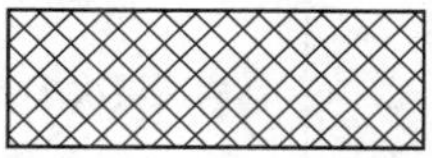	包括水泥珍珠岩、沥青珍珠岩、泡沫混凝土、非承重加气混凝土、软木、蛭石制品等
纤维材料	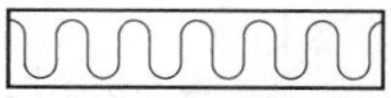	包括矿棉、岩棉、玻璃棉、麻丝、木丝板、纤维板等
泡沫塑料材料	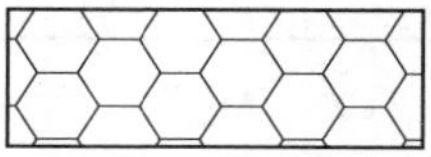	包括聚苯乙烯、聚乙烯、聚氨脂等多孔聚合物类材料
木材		上图为横断面，左上图为垫木、木砖或木龙骨 下图为纵断面

（续）

名　称	图　例	备　注
胶合板		应注明为×层胶合板
石膏板		包括圆孔、方孔石膏板、防水石膏板、硅钙板、防火板等
金属		1. 包括各种金属 2. 图形小时，可涂黑
网状材料		1. 包括金属、塑料网状材料 2. 应注明具体材料名称
液体		应注明具体液体名称
玻璃		包括平板玻璃、磨砂玻璃、夹丝玻璃、钢化玻璃、中空玻璃、夹层玻璃、镀膜玻璃等
橡胶		—
塑料		包括各种软、硬塑料及有机玻璃等
防水材料		构造层次多或比例大时，采用上面图例
粉刷		本图例采用较稀的点

附录 C　给水排水工程图例

给水排水工程图例见表 C-1 ～ 表 C-11，摘自《建筑给水排水制图标准》（GB/T 50106—2010）。

一、管道图例（表 C-1）

表 C-1　管道图例

名　称	图　例	备　注
生活给水管	——J——	—
热水给水管	——RJ——	—
热水回水管	——RH——	—
中水给水管	——ZJ——	—
循环冷却给水管	——XJ——	—
循环冷却回水管	——XH——	—
热媒给水管	——RM——	—
热媒回水管	——RMH——	—
蒸汽管	——Z——	—
凝结水管	——N——	—
废水管	——F——	可与中水原水管合用
压力废水管	——YF——	—
通气管	——T——	—
污水管	——W——	—
压力污水管	——YW——	—
雨水管	——Y——	—
压力雨水管	——YY——	—
虹吸雨水管	——HY——	—
膨胀管	——PZ——	—
保温管	～～～～	可用文字说明保温范围
伴热管	————	可用文字说明保温范围
多孔管	——木——	—
地沟管	————	—

（续）

名　　称	图　　例	备　　注
防护套管	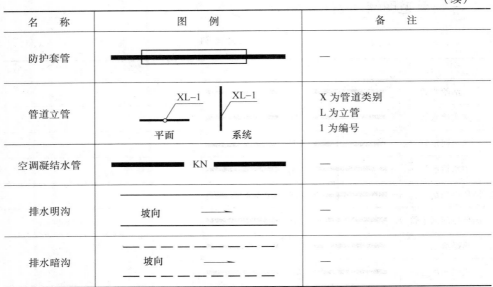	—
管道立管	XL-1　XL-1　平面　系统	X 为管道类别 L 为立管 1 为编号
空调凝结水管	——————KN——————	—
排水明沟	坡向 →	—
排水暗沟	坡向 →	—

注：1. 分区管道用加注角标方式表示。
　　2. 原有管线可用比同类型的新设管线细一级的线型表示，并加斜线，拆除管线则加叉线。

二、管道附件图例（表 C-2）

表 C-2　管道附件图例

名　　称	图　　例	备　　注
管道伸缩器		—
方形伸缩器		—
刚性防水套管		—
柔性防水套管		—

（续）

名　　称	图　　例	备　　注
波纹管		—
可曲挠橡胶接头	单球　　双球	—
管道固定支架		—
立管检查口		—
清扫口	平面　　系统	—
通气帽	成品　　蘑菇形	—
雨水斗	YD−　　YD− 平面　　系统	—
排水漏斗	平面　　系统	—
圆形地漏	平面　　系统	通用。如无水封，地漏应加存水弯

（续）

名　称	图　例	备　注
方形地漏	平面　　　　系统	—
自动冲洗水箱		—
挡墩		—
减压孔板		—
Y 形除污器		—
毛发聚集器	平面　　　　系统	—
倒流防止器		—
吸气阀		—

（续）

名　　称	图　　例	备　　注
真空破坏器		—
防虫网罩		—
金属软管		—

三、管道连接图例（表 C-3）

表 C-3　管道连接图例

名　　称	图　　例	备　　注
法兰连接		—
承插连接		—
活接头		—
管堵		—
法兰堵盖		—
盲板		—
弯折管	高　　低　　　低　　高	—
管道丁字上接	高　　低	—

（续）

名　称	图　例	备　注
管道丁字下接	 高 低	—
管道交叉	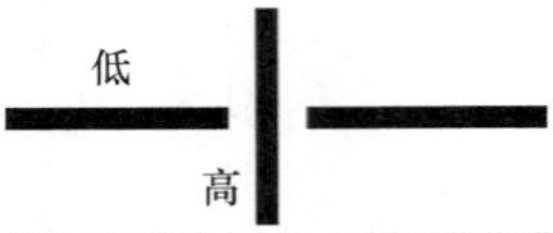 低 高	在下面和后面的管道应断开

四、管件图例（表 C-4）

表 C-4　管件图例

名　称	图　例	备　注
偏心异径管	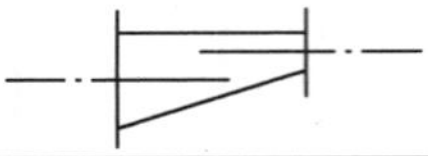	—
同心异径管	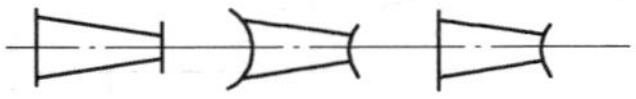	—
乙字管		—
喇叭口	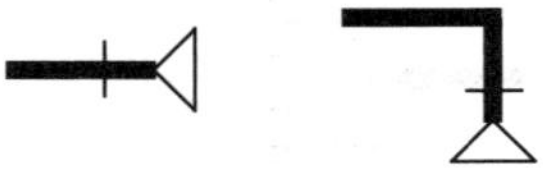	—
转动接头		—
S 形存水弯		—
P 形存水弯		—

（续）

名　称	图　例	备　注
90°弯头		—
正三通		—
TY 三通		—
斜三通		—
正四通		—
斜四通		—
浴盆排水管		—

五、阀门图例（表 C-5）

表 C-5　阀门图例

名　称	图　例	备　注
闸阀	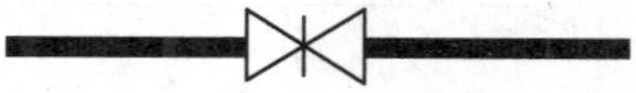	—
角阀	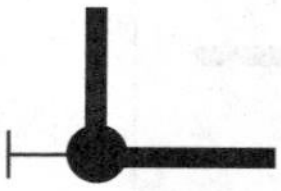	—

（续）

名　称	图　例	备　注
三通阀		—
四通阀		—
截止阀		—
蝶阀		—
电动闸阀		—
液动闸阀		—
气动闸阀		—

（续）

名　称	图　例	备　注
电动蝶阀		—
液动蝶阀		—
气动蝶阀		—
减压阀		左侧为高压端
旋塞阀	平面　　系统	—
底阀	平面　　系统	—
球阀		—
隔膜阀		—
气开隔膜阀		—

（续）

名　　称	图　　例	备　　注
气闭隔膜阀		—
电动隔膜阀		—
温度调节阀		—
压力调节阀		—
电磁阀		—
止回阀		—
消声止回阀		—
持压阀		—
泄压阀		—

（续）

名　称	图　例	备　注
弹簧安全阀		左侧为通用
平衡锤安全阀		—
自动排气阀	平面　　　　系统	—
浮球阀		—
水力液位控制阀	平面　　　　系统	—
延时自闭冲洗阀		—
感应式冲洗阀		—
吸水喇叭口	平面　　　　系统	—
疏水器		—

六、给水配件图例（表C-6）

表C-6　给水配件图例

名　称	图　例	备　注
水嘴	平面　　系统	—
皮带水嘴	平面　　系统	—
洒水（栓）水嘴		—
化验水嘴		—
肘式水嘴		—
脚踏开关水嘴		—
混合水嘴		—
旋转水嘴		—

（续）

名　称	图　例	备　注
浴盆带喷头 混合水嘴		—
蹲便器脚踏开关	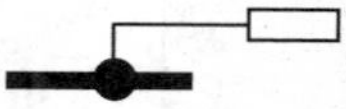	—

七、消防设施图例（表 C-7）

表 C-7　消防设施图例

名　称	图　例	备　注
消火栓给水管	 ━━━ XH ━━━	—
自动喷水 灭火给水管	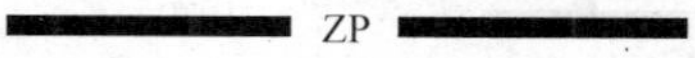 ━━━ ZP ━━━	—
雨淋灭火给水管	 ━━━ YL ━━━	—
水幕灭火给水管	 ━━━ SM ━━━	—
水炮灭火给水管	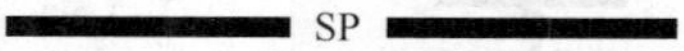 ━━━ SP ━━━	—
室外消火栓		—
室内消火栓 （单口）	 平面 　　　系统	白色为开启面

（续）

名　称	图　例	备　注
室内消火栓 （双口）	平面　　　系统	—
水泵接合器		—
自动喷洒头 （开式）	平面　　　系统	—
自动喷洒头 （闭式）	平面　　　系统	下喷
自动喷洒头 （闭式）	平面　　　系统	上喷
自动喷洒头 （闭式）	平面　　　系统	上下喷
侧墙式 自动喷洒头	平面　　　系统	—
水喷雾喷头	平面　　　系统	—

（续）

名　称	图　例	备　注
直立型水幕喷头	平面　　系统	—
下垂型水幕喷头	平面　　系统	—
干式报警阀	平面　　系统	—
湿式报警阀	平面　　系统	—
预作用报警阀	平面　　系统	—
雨淋阀	平面　　系统	—
信号闸阀		—

（续）

名　　称	图　　例	备　　注
信号蝶阀		—
消防炮	平面　　　　　系统	—
水流指示器		—
水力警铃		—
末端试水装置	平面　　　　　系统	—
手提式灭火器		—
推车式灭火器		—

注：分区管道用加注角标方式表示。

八、卫生设备及水池图例（表C-8）

表 C-8　卫生设备及水池图例

名　称	图　例	备　注
立式洗脸盆		—
台式洗脸盆		—
挂式洗脸盆		—
浴盆		—
化验盆、洗涤盆		—
厨房洗涤盆		不锈钢制品
带沥水板洗涤盆		—
盥洗槽		—

（续）

名　　称	图　　例	备　　注
污水池		—
妇女净身盆		—
立式小便器		—
壁挂式小便器		—
蹲式大便器		—
坐式大便器		—
小便槽		—
淋浴喷头		—

九、小型给水排水构筑物图例（表 C-9）

表 C-9 小型给水排水构筑物图例

名　称	图　例	备　注
矩形化粪池	HC	HC 为化粪池代号
隔油池	YC	YC 为隔油池代号
沉淀池	CC	CC 为沉淀池代号
降温池	JC	JC 为降温池代号
中和池	ZC	ZC 为中和池代号
雨水口（单算）		—
雨水口（双算）		—

（续）

名　　称	图　　例	备　　注
阀门井及检查井	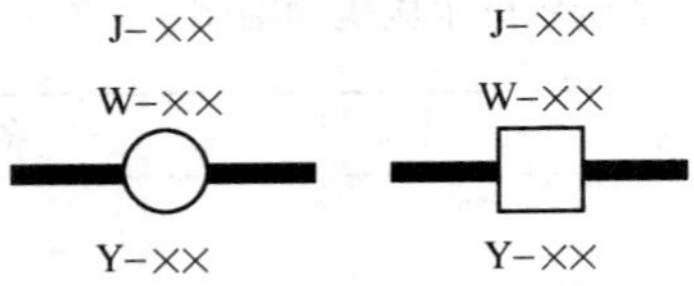 J–×× 　　　 J–×× W–×× 　 W–×× ⬤　　　　 ▢ Y–×× 　　 Y–××	以代号区别管道
水封井	 ⊘	—
跌水井	 ◔	—
水表井	 ◨	—

十、给水排水设备图例（表 C-10）

表 C-10　给水排水设备图例

名　　称	图　　例	备　　注
卧式水泵	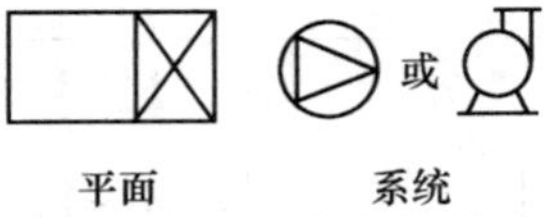 平面　　　系统	—
立式水泵	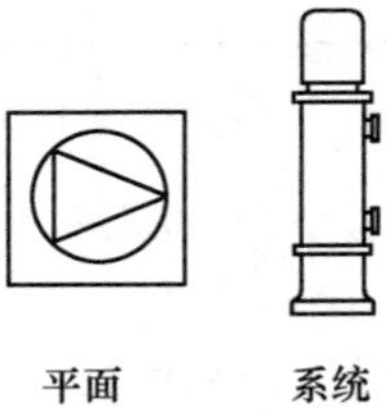 平面　　　系统	—
潜水泵		—

（续）

名　　称	图　　例	备　　注
定量泵		—
管道泵		—
卧式容积 热交换器		—
立式容积 热交换器		—
快速管式 热交换器		—
板式热交换器		—
开水器		—
喷射器		小三角为进水口
除垢器		—

（续）

名　　称	图　　例	备　　注
水锤消除器	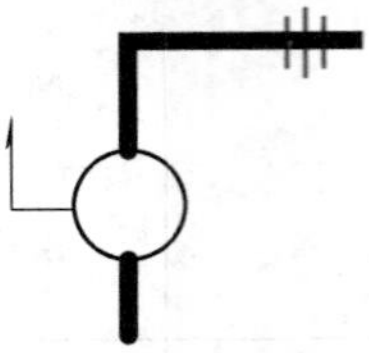	—
搅拌器	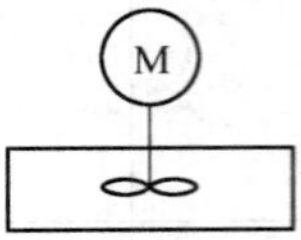	—
紫外线消毒器		—

十一、给水排水专业所用仪表图例（表 C-11）

表 C-11　给水排水专业所用仪表图例

名　　称	图　　例	备　　注
温度计		—
压力表		—
自动记录压力表		—
压力控制器		—

（续）

名　称	图　例	备　注
水表		—
自动记录流量表		—
转子流量计	 平面　　　系统	—
真空表		—
温度传感器	—·—·— T —·—·	—
压力传感器	—·—·— P —·—·	—
pH 传感器	—·—·— pH —·—·	—
酸传感器	—·—·— H —·—·	—
碱传感器	—·—·— Na —·—·	—
余氯传感器	—·—·— Cl —·—·	—

参 考 文 献

［1］中华人民共和国住房和城乡建设部．GB/T 50001—2010 房屋建筑制图统一标准［S］．北京：中国计划出版社，2011.

［2］中华人民共和国住房和城乡建设部．GB/T 50103—2010 总图制图标准［S］．北京：中国计划出版社，2011.

［3］中华人民共和国住房和城乡建设部．GB/T 50104—2010 建筑制图标准［S］．北京：中国计划出版社，2011.

［4］中华人民共和国住房和城乡建设部．GB/T 50105—2010 建筑结构制图标准［S］．北京：中国建筑工业出版社，2011.

［5］中华人民共和国住房和城乡建设部．GB/T 50106—2010 建筑给水排水制图标准［S］．北京：中国建筑工业出版社，2011.

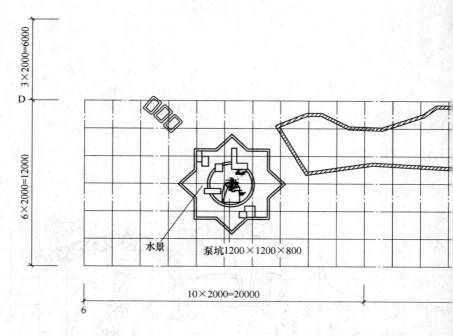

水景

泵坑1200×1200×800

$3×2000=6000$

$6×2000=12000$

$10×2000=20000$

6

图 9-2

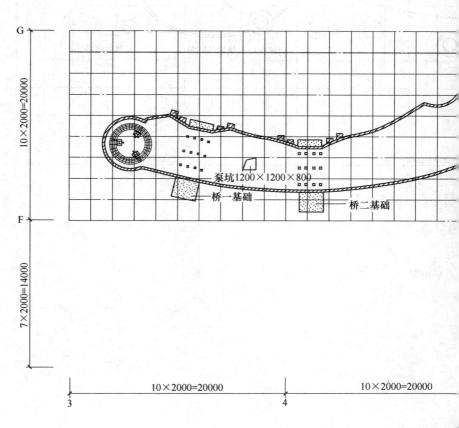

泵坑1200×1200×800

桥一基础

桥二基础

$10×2000=20000$

$7×2000=14000$

$10×2000=20000$

$10×2000=20000$

3

4

图 9-3

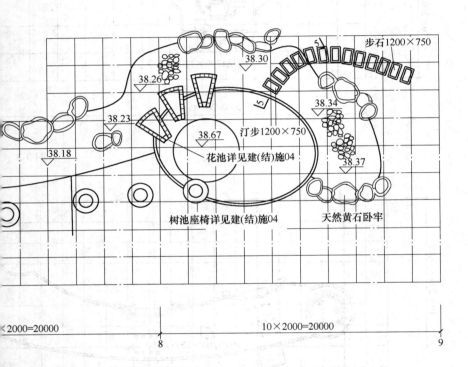

步石1200×750

38.30

38.26

38.23

38.18

38.67
花池详见建(结)施04

汀步1200×750

38.34

38.37

树池座椅详见建(结)施04

天然黄石卧牢

×2000=20000

10×2000=20000

8   9

系平面图

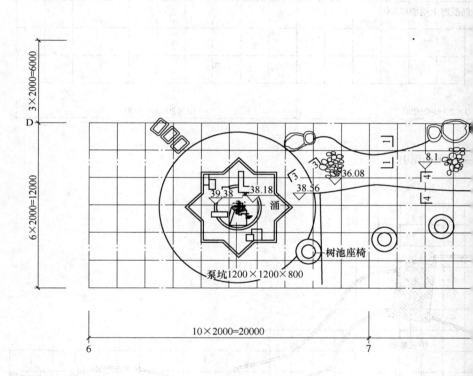

图 9-1

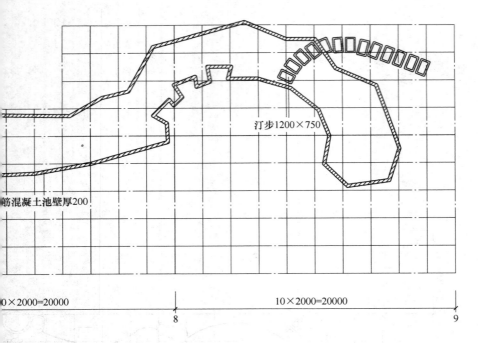

汀步1200×750

筋混凝土池壁厚200

10×2000=20000   10×2000=20000

8   9

基础平面图 1

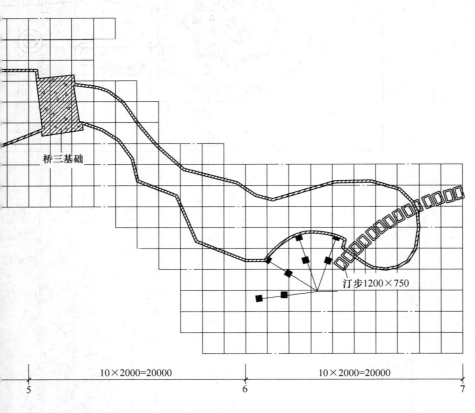

桥三基础

汀步1200×750

10×2000=20000   10×2000=20000

5   6   7

基础平面图 2

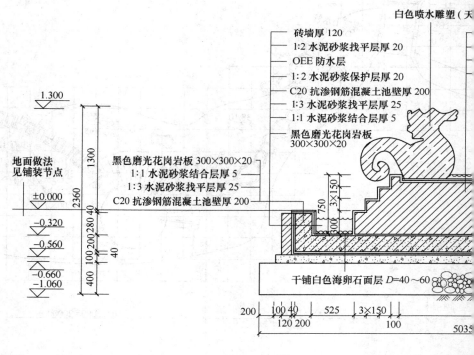

白色喷水雕塑（天

砖墙厚 120
1:2 水泥砂浆找平层厚 20
OEE 防水层
1:2 水泥砂浆保护层厚 20
C20 抗渗钢筋混凝土池壁厚 200
1:3 水泥砂浆找平层厚 25
1:1 水泥砂浆结合层厚 5
黑色磨光花岗岩板
300×300×20

1.300

地面做法
见铺装节点

黑色磨光花岗岩板 300×300×20
1:1 水泥砂浆结合层厚 5
1:3 水泥砂浆找平层厚 25
C20 抗渗钢筋混凝土池壁厚 200

±0.000

−0.320
−0.560
−0.660
−1.060

1300
2360
400 100 200 280 40
40

750
3×150
300

干铺白色海卵石面层 D=40～60

200 100 40   525   3×150
120 200   100

5035

图 9-20 水景剖

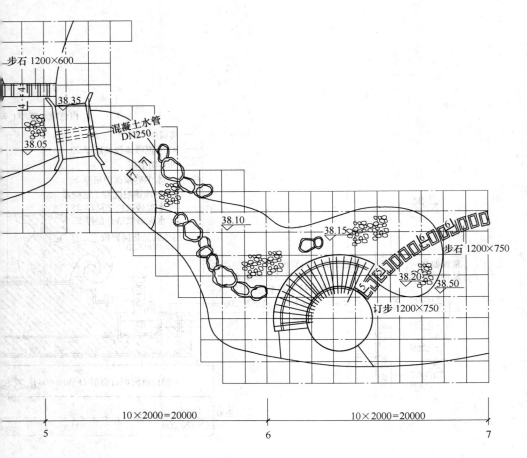

步石 1200×600

38.35

38.05

混凝土水管
DN250

38.10

38.15

步石 1200×750

38.20

38.50

订步 1200×750

10×2000=20000

10×2000=20000

5

6

7

-16 总平面图

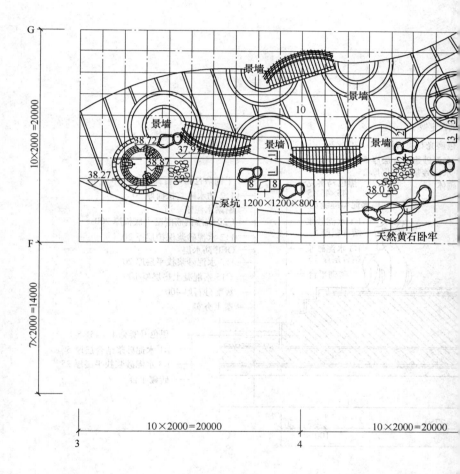

景墙

景墙

景墙

景墙

景墙

10

38.72

38.87

37.9

38.27

泵坑 1200×1200×800

38.0

天然黄石卧牢

8   8

G

F

10×2000＝20000

7×2000＝14000

10×2000＝20000

10×2000＝20000

3

4

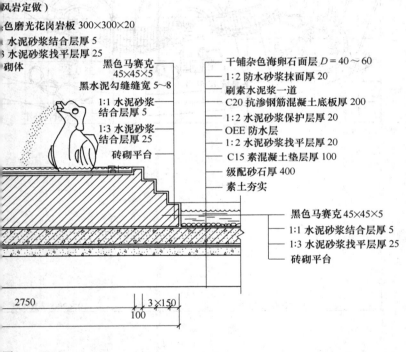

风岩定做)

色磨光花岗岩板 300×300×20
水泥砂浆结合层厚 5
3 水泥砂浆找平层厚 25
砌体

黑色马赛克 45×45×5

黑水泥勾缝缝宽 5～8

1:1 水泥砂浆结合层厚 5

1:3 水泥砂浆结合层厚 25

砖砌平台

干铺杂色海卵石面层 $D = 40 \sim 60$

1:2 防水砂浆抹面厚 20

刷素水泥浆一道

C20 抗渗钢筋混凝土底板厚 200

1:2 水泥砂浆保护层厚 20

OEE 防水层

1:2 水泥砂浆找平层厚 20

C15 素混凝土垫层厚 100

级配砂石厚 400

素土夯实

黑色马赛克 45×45×5

1:1 水泥砂浆结合层厚 5

1:3 水泥砂浆找平层厚 25

砖砌平台

2750   3×150
            100

图